复杂条件下高碾压混凝土重力坝设计理论与实践

洪永文　杜成斌　江守燕　著

科学出版社

北京

内 容 简 介

本书共分六章，结合已建成的金安桥高碾压混凝土重力坝工程，丰富和发展了复杂条件下高碾压混凝土重力坝的设计理论，并在实际工程中进行了创新性实践。主要研究内容包括：大坝混凝土材料选择、基本力学特性及动力破坏机制研究；裂面绿泥石化岩体作为高混凝土坝坝基的适应性研究；强震区高碾压混凝土重力坝工程抗震措施方案；高碾压混凝土重力坝抗震分析理论模型、安全性评价；碾压混凝土重力坝抗震动力模型试验；碾压混凝土重力坝监测安全评价。

本书可供水利水电工程领域的工程技术人员和科研人员以及高等院校水利工程专业及其相关专业的研究生、高年级本科生及教师参考使用。

图书在版编目（CIP）数据

复杂条件下高碾压混凝土重力坝设计理论与实践/ 洪永文，杜成斌，江守燕著. —北京：科学出版社，2014.5

ISBN 978-7-03-040601-9

Ⅰ.①复…　Ⅱ.①洪…②杜…③江…　Ⅲ.①碾压土坝-混凝土坝-重力坝-设计　Ⅳ.①TV642.3

中国版本图书馆 CIP 数据核字（2014）第 095685 号

责任编辑：伍宏发　曾佳佳/责任校对：朱光兰
责任印制：徐晓晨/封面设计：许　瑞

科学出版社 出版
北京东黄城根北街 16 号
邮政编码：100717
http://www.sciencep.com

北京厚诚则铭印刷科技有限公司 印刷
科学出版社发行　各地新华书店经销

*

2014 年 5 月第　一　版　开本：B5（720×1000）
2020 年 4 月第二次印刷　印张：14 1/2
字数：290 000

定价：**109.00 元**

（如有印装质量问题，我社负责调换）

序　言

我国经过 30 多年对碾压混凝土坝的研究与实践，不断总结完善提高，在碾压混凝土筑坝技术方面，取得了令人瞩目的进展和成就，积累了宝贵的经验。目前已建成 100 多座碾压混凝土坝，20 世纪 80 年代主要是建设 70 m 以下的中低坝，90 年代至今已建成一大批百米级以上高碾压混凝土坝，其中龙滩及光照两座坝为 200 m 级高碾压混凝土坝。这些工程绝大部分分布在我国西部地区，工程场址处于新构造运动强烈、地质环境极不稳定的高山峡谷区，地震活动频繁，滑坡、崩塌及泥石流等地质灾害高发。金安桥水电站在这些水电工程中属工程规模大、建坝地质条件复杂、设计地震动峰值加速度高的典型工程。

金安桥水电站是云南金沙江中游河段"一库八级"水电规划的第五级电站，总库容 9.13×10^8 m³，总装机容量 2400 MW，最大坝高 160 m。坝基岩性为玄武岩、杏仁状玄武岩夹火山角砾熔岩及凝灰岩。坝基工程地质条件复杂，在河床坝基出露的地层岩性中分布有绿泥石化岩体，厚度为 30～40 m，分布范围较广，其力学参数较低。坝址区地质构造发育，尤其河床坝基下伏的 t_{1b} 凝灰岩夹层，对河床坝基抗滑稳定不利；左岸坝基分布有缓倾角绿帘石、石英脉错动面（EP），对左岸坝段的坝基抗滑稳定影响较大；大坝的设计地震动峰值加速度高达 0.3995 g。如此高的地震设防烈度加上坝基存在上述的不利地质问题，相应于 160 m 高碾压混凝土坝的抗震结构设计，已远远超出了工程经验能及的范围，尤其对坝体碾压混凝土层面的结合质量和大坝的基础处理等方面均相应有更高的要求。碾压混凝土坝作为一种新型坝型在近十多年发展迅速，但是在高碾压混凝土坝的防震抗震研究和抗震措施设计方面，国内外尚无工程实例可循。大坝抗震安全评价涉及的因素很多，由于水电站工程地震的不确定性以及人们对这些问题的认识深度不够，许多关键技术问题还很缺乏经验。如大坝混凝土材料动参数设计取值，可供参考的碾压混凝土坝抗震措施研究成果相对较少；在材料抗力、评价控制准则等方面还没有形成公认的统一标准；数值计算模型、地震输入模型、边界辐射阻尼的处理以及坝体分缝模拟等方面，不同研究者有不同做法，在进行具体抗震安全评价时很大程度上仍依靠研究人员和设计者的经验来判断。汶川特大地震后，大坝的抗震安全评价已引起科研人员和设计者的高度重视。为了使位于强震区的金安桥碾压混凝土重力坝的坝体及坝基能适应抗震要求，确保大坝的抗震安全，中国水电顾问集团昆明勘测设计研究院分别在可行性研究阶段和招标施工图阶段，联合河海大学、成都理工大学、大连理工大学、清华大学、武汉大学等几所高等院校分 15 个专题协同攻关，对金安桥高碾压混凝土坝抗震的关键技术问题和裂面绿泥石化岩体作为高碾压混凝土坝坝基的适应性问题展开了系统和深入的理论分析研究，同时也做了大量的科学试验研究，专题成果内容非常丰富。这些成果解决了位于强震区金安桥高碾压混凝土坝的基础处理和抗震设计的一些难题，不仅在碾压混凝土坝的抗震计算理论（模型）研究方面有所创新，而且在碾压混凝土坝的抗震设计和施工工艺方面也进行了创新性实践，取得了非常显著的社会效益和经济效益。科研成果具有理论研究价值和实用性，我们希望这些成果能对在建和拟建的类似碾压混凝土坝工程的基础处理、防震抗震措施研究及设计方面提供借鉴。因篇幅所限，我们不能把所有成果纳入本书，仅通过归纳整理，精选了部分具有重要创新的科研成果和设计经验在书中加以介绍。

本书主要内容：第 1 章大坝混凝土基本力学特性研究，介绍了大坝碾压混凝土的重度、强度及静、动弹性模量等设计参数取值研究成果，大坝混凝土的静、动力试验与动载下强度提高机制研究成果，基于 CT 图像的混凝土三维骨料重构技术。第 2 章裂面绿泥石化岩体作为高混凝土坝坝基的适应性研究，介绍了坝基裂面绿泥石化岩体的成因机制、工程特性、结构特征、岩体质量类别划分等研究成果，以及其对建坝影响和作为高坝坝基的适应性研究成果。第 3 章高碾压混凝土重力坝工程抗震措施方案，介绍了强震区碾压混凝土坝坝体分缝方案研究、坝体间断式横缝设置、坝体抗震钢筋设计与配置、大坝抗震监测设计。第 4 章高碾压混凝土重力坝抗震分析理论模型，介绍了新开发的能模拟横缝在地震荷载下张开、闭合以及滑移等非线性效应的动接触本构模型，整体式钢筋混凝土动力本构模型，反映无限地基辐射阻尼效应的三维黏弹性边界单元及外源波动输入研究成果，考虑碾压混凝土层面损伤的内聚力本构模型，坝体头部含有水平贯穿裂缝块体的地震破坏模式理论模型及有损坝体抗震加固效果。第 5 章碾压混凝土重力坝抗震动力模型试验，介绍了坝体混凝土的试验模拟仿真材料、等效弹性模量等试验模拟，在配筋区域局部增大仿真混凝土弹性模量来模拟配筋混凝土的新方法和碾压混凝土坝的抗震薄弱部位和可能破坏模式。第 6 章碾压混凝土重力坝监测安全评价，介绍了大坝监测成果分析及安全评价。

成都理工大学聂德新教授课题组在金安桥碾压混凝土坝坝基的绿泥石化岩体特征、形状方面开展了大量的现场实测、室内试验、数值计算、变形监测资料反馈分析等研究工作；大连理工大学林皋院士、周晶教授课题组对金安桥碾压混凝土坝地震模型试验研究及资料整理分析等开展了大量的研究工作，并为本书的编写工作提供了方便，在此一并感谢。另外，参加本书有关内容研究的还有第二著者指导的研究生，具体有孙立国博士、陈灯红博士、苑举卫博士、刘志明博士、秦武硕士和徐海荣硕士；陈小翠博士协助书稿的整理与校对等工作，在此一并致以谢忱。

　　本书部分研究成果获得了国家自然科学基金项目（50779011，11372098）的资助。

　　鉴于强震区水电站场址的区域地质和工程地质的复杂性，以及水工建筑物体型的复杂性和受载的多样性，加上人们对这些问题认识的局限性，许多问题还很难彻底弄清楚并达成共识。尽管针对金安桥水电站的工程地质特征和碾压混凝土坝的特点，我们对碾压混凝土坝的抗震和复杂坝基条件下的基础处理等方面做了大量的研究和归纳总结，但受到所掌握的资料和知识水平的限制，书中难免有不足之处，恳请读者和同行批评指正。

作　者

2014 年 2 月

目　　录

第1章　大坝混凝土基本力学特性研究

1.1　大坝混凝土设计参数研究

　　碾压混凝土重力坝安全分析的基础资料主要涉及混凝土的压实密度、抗压强度、抗拉强度、坝体层面的抗剪断峰值强度以及静、动弹模等设计参数。金安桥碾压混凝土坝在可行性研究阶段，设计参数均按规范和类比工程经验取值。众所周知，规范主要是依据工程经验和相关研究成果制定的，对一些特殊的工程不一定完全符合工程实际。此外，影响碾压混凝土设计参数取值的因素很多，每个工程都有各自的特点，还存在工程环境、施工工艺及施工质量控制等差异。为了使大坝抗震安全复核成果更接近金安桥工程实际，对金安桥大坝的碾压混凝土设计参数进行了复核性取值研究，研究成果可供类似工程借鉴。

1.1.1　碾压混凝土压实密度

　　碾压混凝土压实密度与采用的砂石骨料及级配有关，一旦确定了砂石骨料，就主要取决于施工工艺和施工质量的控制。金安桥大坝碾压混凝土砂石骨料采用致密玄武岩，岩块容重达 $26 \sim 28$ kN/m³。根据施工仓面对碾压混凝土压实度及表观密度 2379 组检测，压实度达 $98.5\% \sim 99.9\%$，表观密度最小值为 2593 kg/m³，最大值为 2623 kg/m³，平均值为 2601 kg/m³。说明金安桥碾压混凝土的实际容重远大于一般工程采用的混凝土容重（24 kN/m³），比常规取值增加了 8.3%，对大坝抗震安全分析成果有一定影响，因此，大坝的抗震安全分析宜采用混凝土的容重为 26 kN/m³。

1.1.2　碾压混凝土强度及弹性模量

　　碾压混凝土的抗压强度、抗拉强度及弹性模量等设计参数与混凝土强度等级、水泥强度、水灰比、骨料状况、混凝土的硬化时间、温度、湿度、施工条件有关，这些因素确定后，还与施工工艺及施工质量关系密切。金安桥大坝的抗震安全分析，利用现场拌和楼出机口及浇筑仓面的混凝土取样的强度试验成果进行统计分析，还进行了混凝土钻孔岩心的抗拉强度试验成果的合理性分析。出机口碾压混凝土：$C_{90}20W6F100$ 抗压强度取样 1629 组，90 天龄期抗压强度最大值为

38.7 MPa，最小值为 17.5 MPa，平均值为 25.3 MPa，标准差为 3.52 MPa，保证率为 93.1%；劈拉强度取样 35 组，最大值为 2.95 MPa，最小值为 1.48 MPa，平均值为 2.18 MPa；静力抗压弹性模量，取样 74 组，最大值为 35.8 GPa，最小值为 30 GPa，平均值为 32 GPa。仓面取样检测：$C_{90}20W6F100$ 抗压强度 145 组，最大值为 36.7 MPa，最小值为 20.1 MPa，平均值为 25.4 MPa，标准差为 3.38 MPa；劈拉强度取样 211 组，最大值为 3.31 MPa，最小值为 1.46 MPa，平均值为 2.14 MPa。根据大量的成果分析，二级配 $C_{90}20W8F100$ 碾压混凝土的抗压强度高于三级配 $C_{90}20W6F100$ 碾压混凝土的抗压强度，心样试验也反映了这一特点。原因可能是三级配碾压混凝土相对二级配碾压混凝土的浇筑质量难以控制，更主要原因是玄武岩大石骨料中仍含少量隐微裂隙所致。

对碾压混凝土心样试验成果也进行了分析，取 $C_{90}20W6F100$ 三级配碾压混凝土心样抗压强度 20 组，最大值为 38.6 MPa，最小值为 17.5 MPa，平均值为 24.1 MPa；静力抗压弹模取样 8 组，最大值为 42.4 GPa，最小值为 24.2 GPa，平均值为 29.5 GPa。抗压强度与拌和楼出机口取样试验值非常接近，静力抗压弹模比拌和楼出机口取样试验值大，说明在施工质量控制较好的情况下，碾压混凝土的抗压强度和弹模试验值受钻孔取心及试件加工扰动影响较小。此外，对 $C_{90}20W6F100$ 三级配碾压混凝土心样抗压强度取 14 组，轴心抗拉强度平均值为 1.12 MPa，最大值为 1.52 MPa，最小值为 0.92 MPa。通过深入分析认为，由于钻孔取心及试件加工的扰动对混凝土心样的抗拉强度的影响比抗压强度影响大，如利用混凝土心样的抗拉试验成果，应采用更有效地保护岩心的钻具及试件加工工艺，否则获得的抗拉强度与实际出入较大，同时也说明碾压混凝土冷升层或施工间歇层面对抗拉强度有影响。因此，对抗震要求较高的碾压混凝土重力坝的碾压混凝土层面的抗拉强度如何采取措施以满足设计要求应引起高度重视，尤其是冷升层面或施工间歇层面的存在，对碾压混凝土的抗拉强度影响明显。如碾压混凝土坝完全采用心样的抗拉强度试验成果可能不满足抗震强度要求，应研究提高碾压混凝土层面的抗拉强度的工程措施。从这一角度出发，针对具有成层性质的碾压混凝土坝的抗震措施，采用在表面配置一定的抗震钢筋是有益的。

金安桥大坝 $C_{90}20W6F100$ 碾压混凝土 90 天龄期设计参数：抗压强度设计值为 14.5 MPa，抗拉强度设计值为 1.45 MPa，混凝土弹性模量为 30 GPa（有限元计算采用永久弹模）。抗震分析采用 180 天龄期强度，混凝土抗压强度、抗拉强度及弹性模量的动态设计值较静态设计值均考虑提高 30%。

1.1.3　碾压混凝土层面抗剪强度

在大坝填筑上升过程中，碾压混凝土层面的抗剪强度随层面覆盖间隔的延长而降低，在初凝时间内铺摊混凝土并及时碾压时，层面混凝土的抗剪断强度与层内混凝土的抗剪强度相差不大；当超过混凝土初凝时间而对层面进行处理时，层面混凝土的抗剪强度比层内混凝土的抗剪强度明显降低，降低程度与处理措施有关。金安桥大坝现场进行了碾压混凝土层面的原位抗剪试验和混凝土心样抗剪室内试验，分别获得混凝土冷升层和热升层的抗剪断峰值强度。热升层抗剪断峰值强度：$C_{90}20W6F100$ 三级配碾压混凝土 $f'_{max}=1.32$，$f'_{min}=1.24$，$f'_{均值}=1.28$；$c'_{max}=1.73$ MPa，$c'_{min}=1.51$ MPa，$c'_{均值}=1.63$ MPa。$C_{90}15W6F100$ 三级配碾压混凝土 $f'_{max}=1.21$，$f'_{min}=1.20$，$f'_{均值}=1.20$；$c'_{max}=1.87$ MPa，$c'_{min}=1.71$ MPa，$c'_{均值}=1.79$ MPa。冷升层抗剪断峰值强度：$C_{90}20W6F100$ 三级配碾压混凝土 $f'_{max}=1.27$，$f'_{min}=1.16$，$f'_{均值}=1.23$；$c'_{max}=1.68$ MPa，$c'_{min}=1.54$ MPa，$c'_{均值}=1.62$ MPa。$C_{90}15W6F100$ 三级配碾压混凝土 $f'_{max}=1.15$，$f'_{min}=1.10$，$f'_{均值}=1.13$；$c'_{max}=1.52$ MPa，$c'_{min}=1.38$ MPa，$c'_{均值}=1.47$ MPa。层间内部混凝土 $C_{90}20W6F100$ 三级配碾压混凝土 $f'=1.30$，$c'=1.80$ MPa；$C_{90}15W6F100$ 三级配碾压混凝土 $f'=1.32$，$c'=1.83$ MPa。经过分析表明，热升层的抗剪断峰值强度稍高于冷升层的抗剪断峰值强度，热升层的抗剪断峰值强度与层间内部混凝土的抗剪断峰值强度相差不大，当提高混凝土强度等级时抗剪断峰值强度也有所提高。经过统计分析及类比其他已建工程取值，金安桥大坝碾压混凝土层面的抗剪断强度峰值设计参数：$C_{90}20W6F100$ 三级配碾压混凝土 $f'=1.10$，$c'=1.35$ MPa；$C_{90}15W6F100$ 三级配碾压混凝土 $f'=1.00$，$c'=1.25$ MPa。通过大坝碾压混凝土层面的抗滑稳定复核及相关结构分析，只要严格控制碾压混凝土填筑质量，碾压混凝土层面的抗滑稳定已成为不太突出的工程问题。

1.2　混凝土静、动力试验研究

混凝土是高碾压混凝土重力坝的主要筑坝材料，基于试验的方法，研究混凝土在不同受力条件下的破坏形态、动强度提高机制，可为高坝的抗震安全评价工作奠定坚实的基础。本部分主要研究了混凝土在不同应变率下的受压破坏形态，进行了 8 根混凝土梁的轴压试验，观察其受压破坏形态；并进行了 18 根湿筛混凝土试件和 12 根全级配混凝土试件在不同加载速率下的弯拉破坏试验。

1.2.1　不同应变率下混凝土受压的破坏形态

共进行了 4 组有效试验（共 8 个试验块，4 个用于准静态压缩实验，4 个用于动态压缩实验），试件尺寸为 150 mm×130 mm×275 mm。为了研究混凝土材料在动、静载荷压缩破坏过程中裂纹的形态,将试验块表面层进行切割,暴露出材料细观形貌。采用高速摄像系统进行表面裂纹观察与记录,以获得在压缩破坏过程中细观层次的材料破坏和裂纹发展特征。

实验用的加载系统为瑞格尔(Reger)公司的 600 kN 液压万能试验机。图像采集系统使用 AOS 公司的分辨率为 800×600 像素的 S-MOTION 高速摄像系统。试验过程中采用 LED 直流光源进行补光。整个试验系统如图 1-1 所示。

图 1-1　试验加载测试系统

由于试验机加载条件的限制,本次试验的加载速率最小为 1.09×10^{-6} s^{-1} (准静态),而试验机达到最大加载能力时,对于混凝土材料平均应变率可以达到 5.38×10^{-4} s^{-1},提高了 500 倍左右,近似地震作用下的应变率范围(地震作用下混凝土材料应变率在 10^{-4} s^{-1} 到 10^{-2} s^{-1})。在一定程度上,可以用于地震作用下混凝土静态和动态性能的对比。

实验研究得到以下几个结论:

(1)通过两种应变率下的压缩弹模和破坏强度的比较,混凝土材料在动载作用下,其压缩弹性模量和抗压强度均有相应的提高,平均弹性模量从静载的 28.00 GPa 提高到动载的 31.58 GPa,提高了 12.80%;平均抗压强度从静载的 23.54 MPa 提高到动载的 28.85 MPa,提高了 22.60%。

(2)动载作用下的应变明显小于静载作用下的应变响应,存在应变滞后效应,并且随着应力水平的增大,应变滞后越发明显,最大的滞后应变基本发生在静载峰值应力水平处。平均最大滞后应变为 500 $\mu\varepsilon$ 左右,而动、静载破坏应变的差值为 200 $\mu\varepsilon$ 左右,动、静载最大滞后应变远大于破坏应变的差值。说明在动载作用下,当载荷达到破坏静载的时候,相应的应变并没有达到破坏静应变的水平，因此载荷需要进一步提高，使得应变接近破坏静应变时才发生失效破坏，从而得到的动强度会偏大。

（3）从细观破坏裂纹发展形态来看，静载作用下裂纹基本上是沿骨料-砂浆的界面发展的，几乎没有发现裂纹穿越骨料的现象；但是在动载作用下，普遍存在一部分裂纹穿越骨料发展的现象。这是因为在静载作用下，材料首先在最薄弱的部位发生破坏，即产生微裂纹。微裂纹进一步扩展时，有足够的时间来自主选择其周围局部下一个最薄弱部位继续扩展，一般情况下，骨料-砂浆界面的强度相对骨料较低，破坏界面发展需要的能量相对更低，因此裂纹一般选择从骨料-砂浆的界面发展，这就是材料破坏过程的最小耗能原理。

但在动载作用时，微裂纹扩展过程中可能没有足够的时间来进行自主选择（一般来说沿骨料-砂浆的界面扩展的路径相对较长，需要的扩展时间相对较多），其扩展路径就不能遵循最小耗能原理，因此就出现部分裂纹直接穿越裂纹尖端的骨料继续发展，从而使得破坏所需要的能量增加，即破坏强度提高。

图 1-2、图 1-3 分别为静载和动载时截面破坏的裂纹最终分布图。

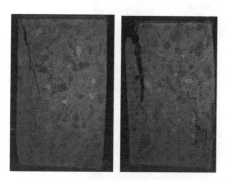　　　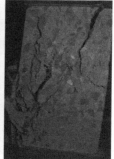

图 1-2　静载压缩破坏形态　　　　　　　图 1-3　动载压缩破坏形态

1.2.2　湿筛混凝土梁弯拉破坏试验

试验共分 6 组，每组 3 根试件，加载方式分 6 种，分别先预加载至最大破坏荷载的 30%、60%，然后以 100 mm/min、300 mm/min、600 mm/min 三种速度加载直至破坏。图 1-4 为试验简图，图 1-5 为试验加载图，图 1-6～图 1-9 为部分试验结果。

试验初步得到：混凝土材料在相同初始静载下，随着加载速率的提高，破坏载荷呈提高趋势，见图 1-6～图 1-8；在 100 mm/min 到 300 mm/min 区间提高明显，在 300 mm/min 到 600 mm/min 提高趋缓，甚至有下降趋势。总体趋势

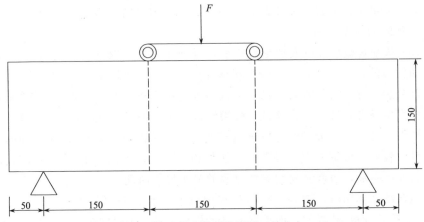

图 1-4　湿筛试件弯拉试验简图（单位：mm）

图 1-5　湿筛试件弯拉试验装置

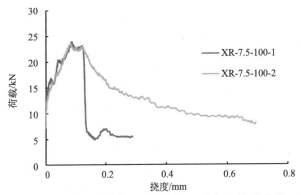

图 1-6　30％初始静载 100 mm/min 下荷载-挠度曲线

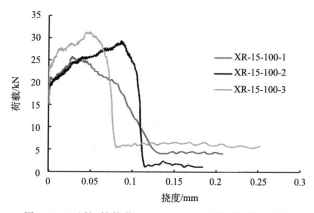

图 1-7　60％初始静载 100 mm/min 下荷载-挠度曲线

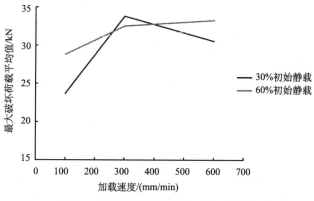

图 1-8　最大荷载平均值-加载速度曲线

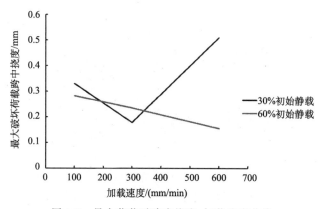

图 1-9　最大荷载时跨中挠度-加载速度曲线

上，初始静载为预载 60％的混凝土破坏载荷基本上高于预载 30％初始静载的情况。随着加载速率的提高，跨中挠度变化不明显，预加 60％破坏荷载时，随着加载速率的提高，跨中挠度明显减小；而预加 30％破坏荷载时，随着加载速率的提高，跨中挠度先减小后又呈增大趋势。

1.2.3　全级配混凝土梁弯拉破坏试验

共进行了 3 组 12 根全级配混凝土梁的弯拉静、动破坏试验。计算对象选择《水工混凝土试验规程》（DL/T 5150—2001）推荐的全级配混凝土梁，其截面尺寸为 450 mm×450 mm，长度为 1700 mm。骨料采用四级配碎石，配比为特∶大∶中∶小 ＝ 30∶30∶20∶20。

图 1-10 为全级配混凝土梁弯拉试验简图，图 1-11 为实际试验加载图。共进行了 100 mm/min、300 mm/min、600 mm/min 三种速度加载试验。

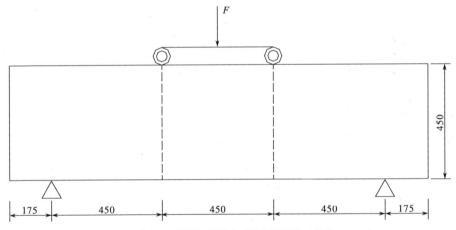

图 1-10　全级配混凝土梁的加载试验简图（单位：mm）

图 1-11　全级配混凝土梁的加载试验装置

图 1-12～图 1-16 为有关全级配混凝土梁弯拉破坏结果。试验研究得到：

（1）随着加载速度的增加，30％初始静载的全级配混凝土梁的破坏荷载逐渐增加，而60％初始静载的全级配混凝土梁先增加，后减小。

（2）随着加载速度的增加，总体上全级配混凝土梁的跨中挠度呈减小趋势，30％初始静载的全级配混凝土梁下降幅度更大。

（3）破坏时，骨料明显有断裂，且加载速度越高，断裂颗粒越多。

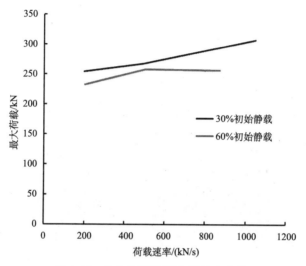

图 1-12　最大破坏荷载-加载速率曲线

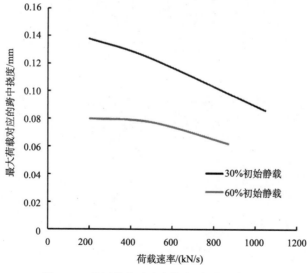

图 1-13　破坏荷载时跨中挠度-加载速率曲线

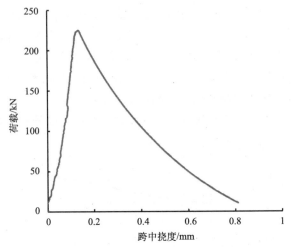

图 1-14　无初始静载破坏荷载-跨中挠度曲线

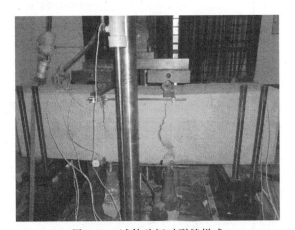

图 1-15　试件破坏时裂缝样式

图 1-16　全级配混凝土梁弯拉破坏断面

1.3　全级配混凝土动强度提高机制

全级配混凝土在动载下的破坏强度是高混凝土坝抗震安全评价的重要研究内容，最近 10 多年来一直得到研究者的关注，许多学者进行了很多试验和数值模拟研究。

由于试验条件的限制，目前很难针对全级配混凝土梁进行动力破坏试验。现有进行的全级配混凝土梁试验的动载频率只有 1～10 Hz，激励频率高于 10 Hz 的荷载由于试验装置的出力限制，位移振幅都非常小，很难实现梁的破坏。尽管外荷频率接近一般高混凝土坝的基频，但相对于全级配混凝土梁而言，这种"动载"很难激发其动态特性和动响应，实际所得的试验结果大都为静力成果，很难推广应用于高混凝土坝的抗震安全评价，同时也影响一些规律性结论的总结。比较合适的方法是结合部分湿筛小试件（或少量全级配试件）的静动力试验结果，研究合适的数值模型（包括材料参数取值），然后再推广用于全级配混凝土梁的动载破坏研究。

本部分假定混凝土是由骨料、水泥砂浆和二者间的黏结带组成的三相材料，考虑材料的应变率效应，利用大型商业软件 ABAQUS 进行大坝混凝土在动载下的强度提高机制研究，主要探讨惯性效应和应变率效应对动强度的影响，得到了一些有价值的结论。

1.3.1　计算模型

1）计算对象与计算网格

计算对象选择《水工混凝土试验规程》（DL/T 5150－2001）推荐的全级配混凝土梁，其截面尺寸为 450 mm×450 mm，长度为 1700 mm。骨料采用四级配碎石，配比为特：大：中：小 = 30：30：20：20。相应的骨料粒径范围分别为 80～150 mm、40～80 mm、20～40 mm 以及 10～20 mm。计算简图见图 1-17。

根据梁的受力特点，中间 450 mm 为纯弯段，其弯矩最大，破坏一般在该部位发生。同时考虑细观非线性有限元计算条件限制，选择中间部分 450 mm× 450 mm×300 mm 作为非均质段，利用混凝土三维随机骨料模型（3D-RAS）生成任意多面体试件，其骨料投放和骨料单元的结果见图 1-18。

2）材料本构模型

计算基于 ABAQUS 软件进行。材料本构模型采用 Lee 和 Fenves（1998）提

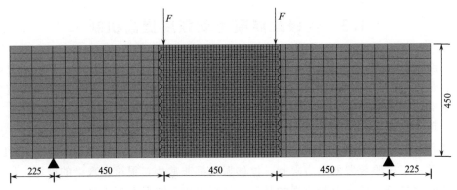

图 1-17　三维全级配混凝土梁静、动弯拉计算简图（单位：mm）

(a) 骨料投放

(b) 骨料单元

图 1-18　非均质段骨料投放与单元网格剖分

出的适合往复荷载作用的混凝土塑性损伤模型，研究中考虑混凝土材料的软化效应，材料强度峰值后的应力-裂缝衰减按线性规律取用，材料的率效应按欧洲混凝土协会推荐的公式取用。计算采用的材料参数见表 1-1。这些参数部分是根据试验给出的，部分是经过多次试算与全级配混凝土梁静力试验比较确定的。

表 1-1　计算中采用的混凝土各相材料参数

材料分区	弹性模量/GPa	泊松比	抗拉强度/MPa	极限裂缝宽度/mm
混凝土	40	0.17	—	—
砂浆	40	0.21	2.2	0.08
骨料	55.5	0.16	4.2	0.08
界面	35	0.16	1.2	0.08

1.3.2　数值模型的静力试验结果验证

由于缺少全级配混凝土试件的动力试验结果（全过程），首先采用数值模型
与全级配混凝土梁的静载破坏全过程试验进行对比。图 1-19 为数值模拟结果与
试验得到的荷载-位移全曲线的对比。图 1-20 为数值模拟破坏时裂缝位置形态与
试验结果的对比。

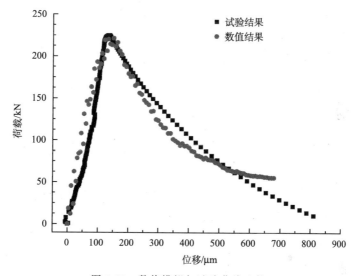

图 1-19　数值模拟与试验曲线比较

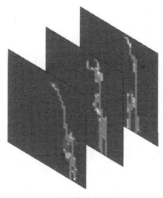

(a) 数值模拟图　　　　　　　　　　　　　(b) 试验破坏裂缝

图 1-20　数值模拟裂缝与试验结果对比

由图 1-19 可看出，在弹性阶段二者基本一致，峰值荷载基本接近，下降段趋势二者也基本相似。数值模拟得到的裂缝样式为一条宏观裂缝，其深度和位置与试验结果也较为接近。对比表明，采用的随机骨料模型及材料参数取值是可以进行全级配混凝土梁的静、动破坏研究的。

1.3.3　全级配混凝土梁动强度提高机制研究

1）惯性效应对材料强度动力增强因子（DIF）的影响

采用不同加载速度，但不考虑材料的率效应。共仿真计算了 8 种情况，加载速度范围在 5.0×10^{-4} m/s 到 0.5 m/s，见图 1-21。图 1-22 为计算得到的荷载-跨中挠度曲线，可以看出，随着加载速度的提高，破坏荷载明显增大。

定义材料强度的 DIF 为

$$DIF = \frac{\text{动载下试件的极限强度}}{\text{静载下试件的极限强度}} \tag{1-1}$$

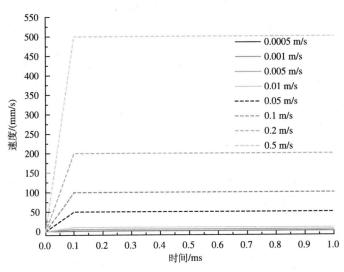

图 1-21　计算中采用的加载曲线

选择应变率为梁跨中单元的应变随时间的最大变化率，作出 DIF 与 $\dot{\varepsilon}$ 的关系曲线见图 1-23。由图 1-23 可看出，当加载速度小于 1.0×10^{-2} m/s 时，此时应变率为 1.8 s^{-1}，惯性对梁的极限荷载影响很小；当加载速度大于 5.0×10^{-2} m/s 时，此时应变率为 8 s^{-1}，惯性对梁的极限荷载影响开始变大。通常地震作用下材料的应变率在 10^{-4} s^{-1} 到 10^{-2} s^{-1} 之间，在这个区间惯性对全级配混凝土梁的影响也很小。

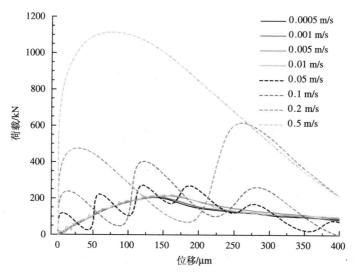

图 1-22　计算得到的荷载跨中挠度曲线

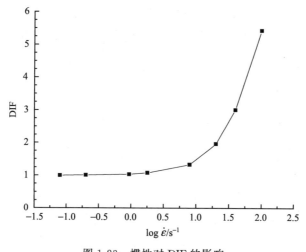

图 1-23　惯性对 DIF 的影响

图 1-24 为动载下非均质区的破坏图，明显看出有多条裂缝出现，且有骨料断裂现象。

2）材料率效应对 DIF 的影响

图 1-25 给出了考虑率效应的全级配混凝土梁的 DIF 与 CEB 公式的比较，可以看出，变化规律相似，但全级配混凝土梁的率敏感点值变小，曲线上抬变化更

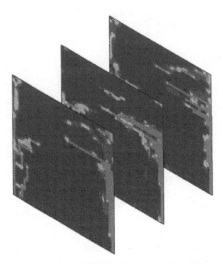

图 1-24　动载下非均质区的破坏图

快，当 $\dot{\varepsilon}$ 大于 1.8 s^{-1} 时，DIF 的率敏感性明显增强。图 1-26 为是否考虑应变率效应的 DIF 与应变率关系的 2 个曲线。可以看出，考虑材料应变率效应后，即使 $\dot{\varepsilon}$ 小于 1.8 s^{-1} 时，相对惯性效应，率效应对材料 DIF 影响较大；当 $\dot{\varepsilon}$ 大于 20 s^{-1} 时，惯性对材料 DIF 影响占主导地位。

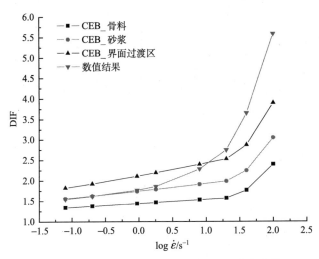

图 1-25　全级配混凝土梁 DIF 与 CEB 公式比较

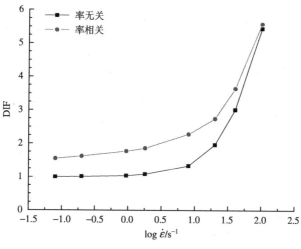

图 1-26 DIF 与应变率关系曲线

1.3.4 材料初始缺陷对全级配混凝土梁破坏的影响

按 Weibull 随机分布模拟了初始缺陷为 1%、3% 和 5% 三种情况全级配梁的破坏，加载速度为 0.1 m/s。图 1-27 为三种情况与无缺陷情况荷载-位移曲线的比较，可以看出，随着初始缺陷比例增加，梁的破坏荷载明显减小，峰值点后缺陷的影响比较大，缺陷大的试件离散程度大。图 1-28 为给出了不同孔隙率下试件的最终裂纹形态，当孔隙率较小时，裂纹的位置与无初始损伤时的裂纹位置接

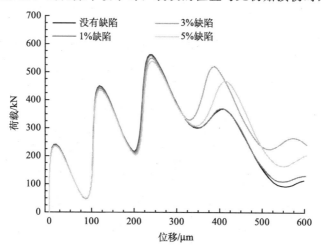

图 1-27 有缺陷情况荷载-跨中位移比较

近，而孔隙率继续增大时，裂纹起裂的位置发生明显变化。

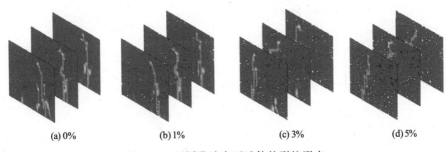

|(a) 0%|(b) 1%|(c) 3%|(d) 5%|

图 1-28　不同孔隙率下试件的裂纹形态

1.4　基于 CT 技术的混凝土细观层次力学建模

目前，混凝土细观结构的三维重构研究较少，且部分重构结果精度不高，与真实试件的实验对比较少。本部分基于 CT 技术针对混凝土细观结构的三维重构进一步研究，旨在给出更精确的混凝土细观重构方法，并将重构模型的力学分析结果与实验进行对比，以确定模拟的准确性。

1.4.1　混凝土试件 CT 切片的获取

由于实验条件的限制，采用医用 CT 机进行 CT 切片采集。选用的 CT 机型号为 GE HISPEED FX/I 螺旋 CT 机。对混凝土中间 150 mm 区域进行 CT 扫描（图 1-29），考虑混凝土骨料的大小选取 5 mm 的扫描间隔，扫描示意图如图 1-30所示。通过以上方法便采集到了 CT 切片，然后对 DICOM 格式原始数据处理，将混凝土截面 CT 切片转换为 300×300 像素的图片（图 1-31）。

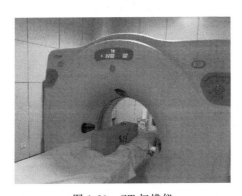

图 1-29　CT 扫描仪

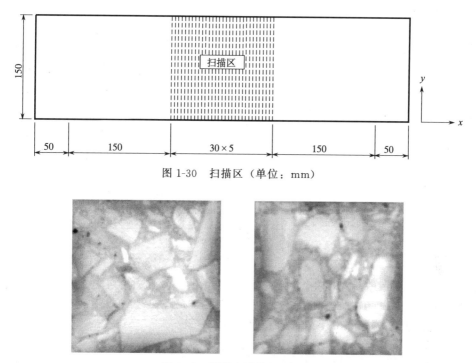

图 1-30　扫描区（单位：mm）

图 1-31　混凝土试件 CT 切片

　　应用 CT 图像重建混凝土三维结构，首要的任务就是对获取的图像进行增强信噪比等预处理，即滤除图像的噪声和干扰，突出感兴趣对象区域或边缘，从而为进一步分析和重构奠定基础。

　　首先对 CT 切片做底帽变换，消除图片的边缘失真，之后消除图片的噪声。在三维重构中考虑孔隙，以提高重构模型的准确性。对图像执行分段变换，处理后取骨料为黑色，砂浆为灰色，孔隙为白色。以一根试件为例进行图像处理及三维重构，图 1-32 为试件各断面图像预处理结果。

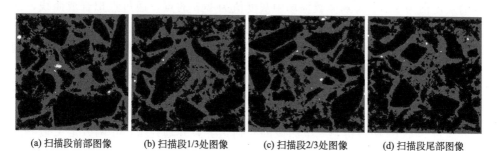

(a) 扫描段前部图像　　(b) 扫描段1/3处图像　　(c) 扫描段2/3处图像　　(d) 扫描段尾部图像

图 1-32　二维图像处理结果

1.4.2　基于 CT 切片的三维混凝土模型重构

通过上述处理，骨料相、砂浆相以及孔隙相已经被分离出来，应用此结果便可以进行三维重构。基于体数据重构三维图像，并基于网格映射建立有限元模型。

通过一系列二维图像可以建立具有一定分辨率的体数据。通常可根据绘制过程中数据描述方法的不同，这类数据的三维可视化方法可分为三大类：表面绘制方法，体绘制方法和混合绘制方法。选用较简单的面绘制法，得到骨料相和砂浆相的接触面，以便将骨料相提取出来。MATLAB 已经提供了面绘制法的集成函数，下面介绍其绘制过程。

1）三维体数据的封装

在三维重构前需要建立三维体数据。首先读入处理后的 31 幅混凝土切片的图像数据（单根梁），得到 300×300 像素的二维矩阵，最后进行三维体数据场的构造，得到 300×300×31 像素的数据场矩阵。

2）三维体数据场的优化

由上面步骤构造出的数据场矩阵数据量巨大，重构过程需占用较多内存，给数据处理带来一定困难。根据实际情况，在不影响精度的情况下，利用 reducevolume 函数减少所处理的数据量，采用 [3, 3, 1] 向量进行数据压缩，即将每幅图片的数据量缩小 1/3，而不减少图片的张数。然后利用 smooth3 函数将所得的体数据处理平滑。

3）数据场等值面绘制

骨料相和砂浆相的接触面即为一个介于灰色和白色的等值面。首先定义等值面的灰度值为 245，得到体数据场中灰度值为 245 的点，通过点拟合成曲线，进而得到整个等值面。通过 isosurface 函数便可以得到等值面的点数据和面数据。利用 patch 函数可以按照等值面对图像子区域进行分类，并定义结果图像的颜色、光线等。

4）边界绘制

通过 isocaps 函数得到三维图像的几何边界，并通过 patch 函数定义边界的颜色、光线等。

5）优化曲面效果

上述操作得到的等值面由无数的三角形连接而成，在曲率较大的部分显得较粗糙。isonormals 函数可以计算等值面图形子区域顶部法线方向，利用此法线方向可以平滑曲面，接近真实的骨料形状。图 1-33 和图 1-34 给出了使用isonormals 函数的效果对比情况。

图 1-33　普通重构结果　　　　图 1-34　平滑重构结果

6）显示设置

MATLAB 提供了三维图像的显示设置，其中函数 axis 设置显示坐标系，将坐标系的原点放置在左上角。函数 camlight 为在照相机处设置一个光源，使用函数 lighting 选择光源为 phong 光源。同时利用函数 alpha 设置透明度为 0.8。图 1-35 给出了不同角度显示三维骨料的效果。

图 1-35　不同角度三维显示效果

基于体数据的方法不需要确立物体的表面几何形状，直接基于体数据场进行三维重构。该方法重建出的三维图形保真性好，不丢失物体形状结构的细节，能准确地反映所包含的形体结构，避免了重建过程中所造成的伪像痕迹。缺点是重构数据量相对较大，处理时间长，对计算机硬件要求较高。

　　基于体数据的方法大多为建立物体的三维视觉效果。但应用上述结果要进行有限元计算，生成的三维模型的单元数量非常巨大，现有的计算机硬件条件无法满足，而且由于实际结构形式复杂，网格剖分无法进行。因此，这里采用三维重建中通过网格映射的方法，直接生成单元，然后根据单元位置及平面图像信息，识别单元的性质，并在 ABAQUS 中建立三维有限元模型。

1. 单元网格划分

　　根据 CT 扫描区域的大小及扫描间距划分单元网格。扫描区域为 150 mm×150 mm×150 mm 的立方体，CT 扫描间隔为 5 mm。选择八结点六面体单元，单元尺寸为 5 mm×5 mm×5 mm。单元划分如图 1-36 所示，yz 平面为 CT 扫描的平面，且单元 x 轴方向两个面都在 CT 扫描图片上。

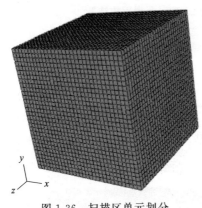

图 1-36　扫描区单元划分

2. 单元属性识别

　　以单元的 8 个结点在 CT 图中的信息为依据判断单元的属性。这种方法单元属性判定的控制因素较少，使得识别结果较粗糙，容易忽略骨料和砂浆互相嵌入等情况。这里除采用单元的 8 个定点外，还增加了顶面、底面、棱边中点、面的中心等 16 个因素来判定单元的属性。

1）单元属性控制因素

　　单元的 x 轴方向两个面在 CT 扫描图片上，即单元的属性由 x 轴方向上这两个面决定。所以取其中一个面为研究对象说明单元属性控制因素。如图 1-37 所示，取面上的 4 个角点、4 个边的中点、1个面的中心点，以及骨料区面积、砂浆区面积、孔隙区面积等 12 个信息为单元属性控制因素。x 方向两个面共 24 个因素控制单元的属性。

2）单元属性分类

　　考虑混凝土为骨料、砂浆、界面以及孔隙四等相材料。按以下准则判断单元的材料属性：

　　孔隙单元：单元 x 方向上下面孔隙面积的总和占总面积的比例 h 大于等于 50% 时取为孔隙单元。

识别孔隙单元后，在剩余的单元中区别骨料单元、砂浆单元以及界面单元。界面单元为骨料相和砂浆相接触的部分，由于骨料和砂浆互相嵌入情况较多，界面的确定较复杂。

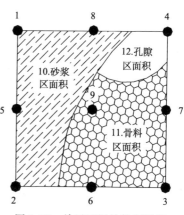

图 1-37　单元面属性控制因素

确定界面单元的条件有两个：①骨料区面积总和占总面积的比例 $a = 45\% \sim 55\%$；②角点中有不多于 1 个点在骨料区（或者砂浆区）而同时边的中点至少有 4 个点在骨料区（或者砂浆区）。

条件①将骨料和砂浆所占比重相近的单元确定为界面单元。除了这个情况之外，还有很多情况虽然骨料区（或者砂浆区）占的面积比重较大，但仍为界面单元。如图 1-38、图 1-39 所示，砂浆区（或者骨料区）贯穿骨料区（或者砂浆区），于是按条件②确定为界面单元。

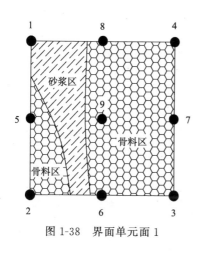

图 1-38　界面单元面 1

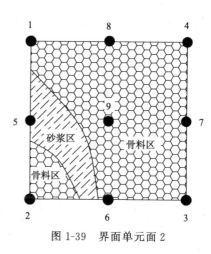

图 1-39　界面单元面 2

由于控制因素个数的限制，除以上情况外，仍有部分嵌入情况无法区分。如图 1-40 所示，砂浆区贯穿骨料区应该确定为界面，但由于砂浆区域涉及的单元属性控制因素较少（仅为骨料区面积和砂浆区面积），因此无法与图 1-41 所示情况很好地区分。

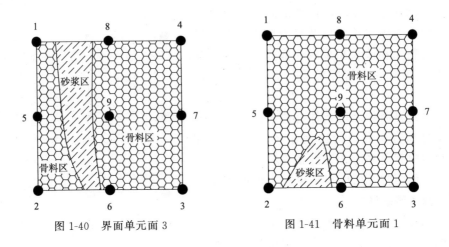

图 1-40　界面单元面 3　　　　　　　图 1-41　骨料单元面 1

骨料单元：排除上述孔隙单元和界面单元后，骨料区面积总和占总面积的比例 a 大于等于 55％则为骨料单元（图 1-42）。

砂浆单元：排除上述孔隙单元、界面单元和骨料单元后，定义为砂浆单元（图 1-43）。

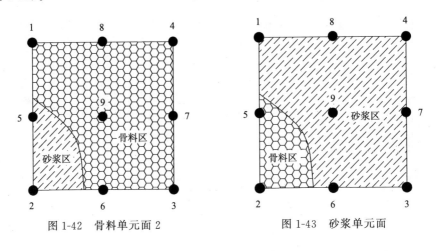

图 1-42　骨料单元面 2　　　　　　　图 1-43　砂浆单元面

3）单元属性识别流程

根据以上定义的控制因素和判断依据进行单元属性识别。首先读入图像处理后的图像；将图像划分为单元大小的区域；读取各区域中骨料、砂浆、孔隙等信息的面积，以及角点、边中点和中心点所在像素的信息；最后按照单元 x 轴方向所在两个面的控制因素确定单元的属性。流程如图 1-44 所示。

图 1-44　单元属性识别流程图

3. 三维有限元模型的建立

按照上述单元属性划分流程，取 3 根混凝土试件的 CT 扫描区域划分为四种材料属性，划分情况如表 1-2 所示。

单元属性划分后，生成有限元网格模型，并将结果导入商业软件 ABAQUS。有限元网格中骨料单元平均为 10 127 个，占总模型的 37.51%，比例与真实试件的骨料体积含量（40%）相近，单元划分结果具有一定的准确性。图 1-45 显示了骨料、界面、砂浆和孔隙的有限元网格划分情况。

表 1-2　单元属性赋值结果

序号	骨料		砂浆		界面		孔隙	
	单元数	占比/%	单元数	占比/%	单元数	占比/%	单元数	占比/%
1	11 517	42.66	7245	30.31	8183	26.83	55	0.204
2	9409	34.85	10 007	37.06	7506	27.80	78	0.289
3	9456	35.02	9186	34.02	8288	30.70	70	0.259
平均	10 127	37.51	8812	32.64	7992	29.60	68	0.251

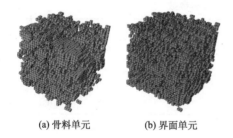
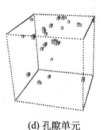

(a) 骨料单元　　　　(b) 界面单元　　　　(c) 砂浆单元　　　　(d) 孔隙单元

图 1-45　有限元网格划分情况

1.4.3　三维混凝土有限元模型细观层次分析

对试件进行四点弯拉力学分析，试件中间 150 mm×150 mm×150 mm 部分采用上述重构网格模型，考虑孔隙、界面等四相材料，两端则设为各向同性的线弹性混凝土材料，并将网格导入商用软件 ABAQUS 建立有限元模型。

　　为与真实试件实验结果对比，同时对试件进行四点弯拉实验（图 1-46）。实验采用液压伺服万能材料试验机对试件进行加载。采用位移加载，加载速度为 0.05 mm/min。

图 1-46　试件实验加载图

　　各相材料的本构模型取不同的应力-裂缝模型，假定混凝土各相材料在达到峰值应力前为线弹性材料，峰值后以拉应力-裂缝宽度曲线来代替应力-应变全曲线的下降段（图 1-47）表示各相材料的应变软化行为。采用弧长法进行断裂过程模拟分析。计算时选取表 1-3 中的数据作为混凝土各组分的力学参数。图 1-47 中，f_t 为材料的抗拉强度，W_c 为材料的极限张开位移。

表 1-3　各相材料力学参数

材料类型	弹性模量/GPa	泊松比	抗拉强度/MPa	极限裂缝宽度/mm
混凝土	30	0.17	—	—
砂浆	26	0.22	2.47	0.096
骨料	55.5	0.16	5.37	0.096
界面层	25	0.16	1.16	0.096

　　将数值模拟结果与实验结果对比（图 1-48），取 y 轴为加载荷载，x 轴为中点挠度。

　　从图 1-48 中可以看出，数值模拟的弹性段与实验结果具有较好的一致性，实验破坏最大荷载为 27.21 kN，数值模拟最大破坏荷载为 26.52 kN，相差 2.54%。数值模拟的软化段与实验结果同样具有很好的相似性，能够反映试件破坏的整体趋势。因此数值模型能较好地模拟实际试件。

　　图 1-49 为实验破坏底部裂纹示意图，图中裂纹为一长条贯穿裂纹，裂纹距顶端距离为 298 mm。图 1-50 为数值模拟破坏底部应力云图，图中裂纹与实验结

果裂纹相似，裂纹距顶端距离为290 mm，相差 8 mm，为试件非均匀区长度(150 mm)的 5.33％。由此可看出数值模拟的裂纹起裂位置与实际情况相近，可以为试件破坏裂纹的定位提供依据。

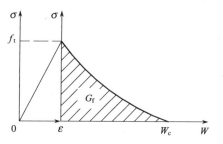

图 1-47　应力-张开位移曲线

图 1-51 为试件破坏断面，可以看出照片中砂浆区破坏的同时，大骨料也被拉断。图 1-52 为试件横向原始截面，图中白色为界面单元，界面单元环抱区域为骨料单元，图 1-53 为试件横向截面破坏示意图。对比可看出数值模拟过程中试件下部的大骨料亦被拉断，与实际情况能够很好地吻合。

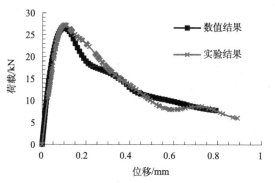

图 1-48　数值模拟与实验结果对比

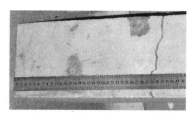

图 1-49　试件加载破坏底部图

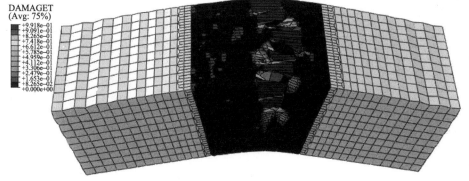

图 1-50　数值模拟破坏底部图

图 1-51　试件破坏断面

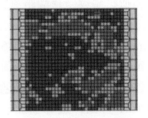

图 1-52　试件横向原始截面

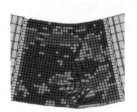

图 1-53　试件横向截面破坏示意图

第2章 裂面绿泥石化岩体作为高混凝土坝坝基的适应性研究

2.1 裂面绿泥石化岩体开挖方式

坝基开挖过程中，不同爆破、开挖方式对裂面绿泥石化岩体的松弛有较大差异。强烈爆破可以造成较大范围裂面绿泥石化岩体破坏、破裂，图2-1为10#坝段，装药量较大，爆破造成岩体破坏、开裂、解体，此种情况岩体完全破坏。利用光面爆破，裂面绿泥石化岩体因受冲击力振动，岩体仍发生破裂（图2-2），呈现紧密镶嵌的岩体变成松弛的碎块。为清除松弛的裂面绿泥石化岩体，对坝基地段采用挖掘机进行撬挖，并结合人工撬挖（图2-3，图2-4），形成平整的建基面。

为尽可能减少松弛，在浇筑混凝土前，人工再次撬挖松弛的岩块，用水冲洗，裂面绿泥石岩体已呈现一定紧密状态和一定嵌合状态（图2-5）。

图2-1 强烈爆破造成10#坝段裂面绿泥石化岩体破碎

图 2-2　利用光面爆破仍呈松
弛裂开的裂面绿泥石化岩体

图 2-3　用挖掘机撬挖松弛的
裂面绿泥石化岩体

图 2-4　挖掘机开挖后立即人工撬挖松弛的裂面绿泥石化岩体

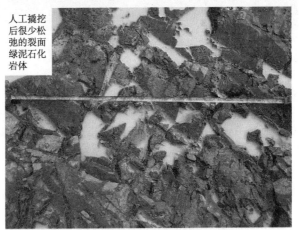

图 2-5　人工再次撬挖、清水冲洗后的建基面裂面绿泥石化岩体

2.2　坝基裂面绿泥石化岩体的结构特征

2.2.1　坝基裂面绿泥石化岩体结构类型划分

国内已建或在建的水电工程，在坝基岩体结构分类时多以谷德振先生提出的方案和《水利水电工程地质勘察规范》（GB 50287—1999）为基础或标准（表 2-1，表 2-2），结合自身的特点来进行。已建成的龙羊峡水电站（表 2-3）、二滩水电站（表 2-4）、三峡水利工程（表 2-5，表 2-6），在岩体结构分类方面取得了很大的进展和成绩，证明了岩体结构分类及对应的定量指标的合理性和科学性，经过工程运行检验，证明谷德振院士的分类方案和国家标准 GB 50287—1999 中的方案是合理的、安全的。

表 2-1　水电规范中的岩体结构分类表

类　型	亚　类	岩体结构特征
整体块状结构	整体状结构	岩体完整，呈巨块状，结构面不发育，间距大于 100 cm
	块状结构	岩体较完整，呈块状，结构面较发育，间距一般 100～50 cm
	次块状结构	岩体较完整，呈次块状，结构面较发育，间距一般 50～30 cm
碎裂结构	镶嵌碎裂结构	岩体完整性差，岩块镶嵌紧密，结构面发育，间距一般 30～10 cm
	碎裂结构	岩体较破碎，结构面很发育，间距一般小于 10 cm
散体结构	碎块状结构	岩体破碎，岩块夹岩屑或泥质物
	碎屑状结构	岩体破碎，岩屑或泥质物夹岩块

表 2-2　水电规范中岩体完整程度分级

岩体完整程度	完整	较完整	完整性差	较破碎	破碎
岩体完整性系数 K_v	1.0～0.75	0.75～0.55	0.55～0.35	0.35～0.15	<0.15

表 2-3　龙羊峡坝区花岗闪长岩岩体结构类型划分表

级别及代号		岩体结构类型	主要特征	主要分布地段
I		完整块状结构	裂隙间距大于 2 m，裂隙闭合或充填方解石脉及钙质膜，岩块微风化	河床右坝下游部分，两岸纵向排水廊道内部分地段
II	II_A	致密块状结构	裂隙间距 0.5～2 m，裂隙闭合或充填方解石脉及钙质膜，岩块微风化	河床坝基及厂基、厂坝间，右坝肩 2500 m 高程以下，左坝肩 2480 m 以下靠下游部分，地下安装间、两岸廊道内部分地段
	II_B	块状结构	裂隙间距 0.5～2 m，裂隙充填岩屑及钙质膜，岩块弱-微风化	两岸坝肩、重力墩、副坝、溢洪道水平段的部分，河床及两岸边坡的大部分，两岸廊道内，特别是近洞口地段
III		碎裂-块状结构	裂隙间距 0.1～1 m，裂隙充填岩屑及泥质物，岩块弱-强风化。块裂体及碎裂体常呈镶嵌状相间分布	左岸重力墩 F₃₂ 至 F₇₃ 之间，A₅ 与 A₁ 间裂隙密集带，左坝肩上游山脊、北大山水沟口上游山脊，右岸 F₁₂₀ 与 f₆ 之间，右岸 F₇₃、F₇₁ 及 F₁₂₀ 之间三角体，右岸溢洪道斜坡段，右副坝部分坝基
IV		碎裂结构	裂隙间距 0.1～0.5 m，G₄ 内呈破劈理状，裂隙充填物以泥质物为主，岩块多呈强风化	G₄、F₁₈、F₇₃、F₇₁ 等断层影响带及交会带，F₇₋₁ 与 F₇₋₃ 之间岩体，左岸北大山水沟口 F₂₀₇ 与 F₁₉₁ 切割的松动岩体
V		碎裂-散体结构	裂隙间距小于 0.1 m，裂隙充填泥质物，岩块强风化，少部分可达全风化	F₇ 断层带、F₁₂₉、f₆ 等断层破碎带内的岩体

表 2-4　二滩水电站坝基岩体结构

岩体及代号	岩体结构				嵌合程度	
	结构类型	裂隙间距/m	质量指标 RQD/%	小型破碎带间距/m	结构状况	裂隙原生充填	裂隙充填次生夹泥泥膜
正长岩（ξ_C）辉长岩（μ）	整体结构	>1	>80	>30	紧密	一般无充填，部分钙膜或绿泥石熏染	无
玄武岩（P₂β₃、P₂β₄）	整体块状结构	0.8	75	>25	紧密	方解石、绿帘石	无

续表

岩体及代号	岩体结构					嵌合程度	
	结构类型	裂隙间距/m	质量指标RQD/%	小型破碎带间距/m	结构状况	裂隙原生充填	裂隙充填次生夹泥泥膜
变质玄武岩 ($P_2\beta_4$)	整体或块状结构	0.6	75	17	紧密	方解石为主,部分绿泥石熏染或膜状	
正长岩 (ξ_C)	块状结构	0.5	70	50	较紧密	一般无充填,部分绿泥石熏染或膜状	个别裂隙局部充填
各类玄武岩 ($P_2\beta$)	块状镶嵌结构	0.4	60	10~15	较紧密	绿泥石熏染、方解石	
正长岩 (ξ_C)	镶嵌或块状结构	0.3	50	30	较差		部分裂隙充填
各类玄武岩 ($P_2\beta$)	镶嵌碎裂结构	0.3	40	10	较差		
绿泥石-阳起石化玄武岩 ($P_2\beta_2^{III}$)	碎裂镶嵌结构	密集	<25	2.5	较紧密	软弱矿物普遍 1~3 mm	无
裂面绿泥石化玄武岩 ($P_2\beta^0$)	镶嵌碎裂结构	密集	25	2.5	较紧密	软弱矿物普遍 1 mm	
正长岩及各类玄武岩	碎裂结构	0.25	30	10	明显松弛		裂隙普遍充填
正长岩及各类玄武岩	散体结构	密集	<20	15	强烈松弛		
断层带	由片状、块状、劈理岩屑组成,无连续断层泥						
断层带	由角砾、岩屑、岩块以及 1~5 cm 连续的断层泥充填						

表 2-5　三峡坝址岩体结构分类表

代号	坝区宏观岩体结构分类	代号	坝基岩体结构分类	岩体类型及岩性组合
I	整体状结构	I	整体状结构	新鲜及微风化带岩体（I）: 闪云斜长花岗岩及闪长岩包体
II	块状结构	II	块状结构	①新鲜及微风化带岩体（I）: 闪云斜长花岗岩及闪长岩包体 ②弱风化下亚带岩体（或下部岩体 II_1）
		III	次块状结构	①断层影响带 ②弱风化下亚带岩体（II_1） ③中堡大花岗岩脉（I）

续表

代号	坝区宏观岩体结构分类	代号	坝基岩体结构分类	岩体类型及岩性组合
III	镶嵌结构	IV	镶嵌结构	①断层影响带 ②裂隙密集带 ③各类岩脉（γ、ρ、β_u） ④胶结良好构造岩
IV	碎裂结构	V	碎裂结构	①断层带中软弱构造岩 ②弱风化上亚带（II_2）碎屑状夹层风化（主体工程须挖除）
V	散体结构		工程不利用，需要挖除	①全风化带（IV）：疏松及半疏松状岩石为主 ②强风化带（III）：疏松、半疏松状岩石夹坚硬、半坚硬状岩石（块球体）组成

表 2-6　三峡三斗坪坝址坝基岩体结构分类工程地质特征表

岩体结构类型		结构面特性			岩体块度/cm	工程地质参数特征值			
类别	名称	组数	级别	线密度/（条/m）		RQD/%	纵波速度/（km/s）	完整性系数 K_v	岩体透水性 ω/[L/(min·m·m)]
I	整体结构	1～2组	IV、V	小于1	大于100	$\dfrac{93\sim98}{95.1}$	$\dfrac{5.4\sim5.8}{5.52}$	$\dfrac{0.81\sim0.87}{0.85}$	大多数小于0.01，少数0.014～0.09
II	块状结构	2～3组	IV、V 少数III	1～2	100～50	$\dfrac{80\sim95}{90.4}$	$\dfrac{5.1\sim5.8}{5.36}$	$\dfrac{0.72\sim0.93}{0.80}$	小于0.01者占65%；余者0.013～0.06；最大为0.65
III	次块状结构	3～4组	III、IV V	2～3	50～30	$\dfrac{67\sim93}{86.0}$	$\dfrac{4.5\sim5.6}{5.18}$	$\dfrac{0.56\sim0.87}{0.75}$	小于0.01者占59%，余者0.02～0.2，最大为0.34
IV	镶嵌结构	3～4组以上	III～V	大小3	小于30	$\dfrac{60\sim85}{75}$	$\dfrac{4.5\sim5.2}{4.98}$	$\dfrac{0.56\sim0.75}{0.69}$	小于0.01者占40%，余者0.12～0.035
V	碎裂结构	无序	II～V	大于3	小于10	$\dfrac{0\sim48}{29.0}$	$3.2\sim4.2$	$\dfrac{0.11\sim0.48}{0.28\sim0.5}$	

　　分析上述岩体结构划分方案，都是以裂隙间距作为第一基本指标，以岩体完整性系数、岩石质量指标 RQD 作为配套指标，这些指标间均具有较好的对应性，不仅在国内众多工程的应用中是对应的、可相关的，在国际上也同样如此。因此，无论是国家标准 GB 50287—1999，还是其他工程有关岩体结构分类的方案，按通

常的规律，是可以用于金安桥电站坝基裂面绿泥石化岩体的结构分类的。

　　然而，大量的资料表明在金安桥坝基裂面绿泥石化岩带钻孔时，岩心破碎、岩石质量指标 RQD 多在 20%～30%，以此对岩体结构进行划分，应属于碎裂结构岩体，岩体的质量等级应归属 IV 类（或级）、III₂ 级岩体，按 GB 50287—1999 规范，此类岩体不宜作为高混凝土坝建基岩体，由此带给工程的问题是不言而喻的。为此，首先是要在河床两岸找到裂面绿泥石化岩体，以解决河床地段不可能观察、不可能获得裂隙间距的问题，在 PD7 号平洞裂面绿泥石普遍发育的 130～230 m 段，开展结构面的精细测量，获取该段的全部裂隙的各个要素，然后用开发的切割程序，将获得的裂隙数据进行分组，根据分组情况，将各组裂隙的基本要素——各组区间方位、优势方位、每条裂隙的端点坐标及洞高、洞向输入建好的数据库中。准备完数据后，按要求进行切割，相当于测线量测其线上的裂隙，采用 0.1 m 间距的测线，平行洞向在所测洞壁（或洞顶）上布 15 条"测线"进行切割，完成后启动单屏或双屏显示洞段裂隙展布状况，图 2-6 是 PD7 平洞 130～230 m 下游壁裂隙分布情况，从图上可以看出 PD7 平洞裂隙的基本情况。

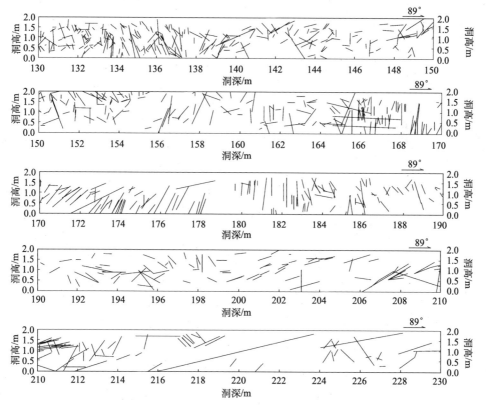

图 2-6　PD7 平洞 130～230m 段精测裂隙展布图

　　启动数据库调出生成的岩体结构信息，PD7 平洞 130～230 m 段的基本信息见表 2-7，用表中的结构面间距按规范 GB 50287—1999 提出的标准对岩体结构类型和相应的岩级进行评价。从表中可以看出 PD7 平洞 130～230 m 段的岩体结构类型大部分为镶嵌碎裂结构，一些地段为碎裂结构，岩级为 Ⅳ～Ⅴ 级岩体，这种情况与用河床钻孔获得的 RQD 进行的分类、分级的情况基本一致。按岩体质量等级，裂面绿泥石化岩体是不能直接作为坝基岩体的。

表 2-7　PD7 平洞 130～230m 段裂面绿泥石化岩体的结构类型及岩级

洞号	洞深/m	组数	总条数	总迹长/m	最小间距/m	岩体结构类型	对应岩级
左 PD7a	130～135	5	92	33.68	0.14	镶嵌碎裂结构	Ⅳ
左 PD7a	135～140	5	74	32.57	0.12	镶嵌碎裂结构	Ⅳ
左 PD7a	140～145	4	47	22.85	0.19	镶嵌碎裂结构	Ⅳ
左 PD7a	145～150	5	36	16.51	0.22	镶嵌碎裂结构	Ⅳ
左 PD7a	150～155	4	58	26.41	0.3	次块状结构	Ⅲ₂
左 PD7a	155～160	4	27	15.81	0.11	镶嵌碎裂结构	Ⅳ
左 PD7a	160～165	4	39	20.3	0.19	镶嵌碎裂结构	Ⅳ
左 PD7a	165～170	5	61	38.76	0.1	镶嵌碎裂结构	Ⅳ
左 PD7a	170～175	4	38	25.99	0.04	碎裂结构	Ⅴ
左 PD7a	175～180	4	15	12.82	0.04	碎裂结构	Ⅴ
左 PD7a	180～185	5	39	22.75	0.08	碎裂结构	Ⅴ
左 PD7a	185～190	4	31	14.09	0.11	镶嵌碎裂结构	Ⅳ
左 PD7a	190～195	4	22	12.65	0.2	镶嵌碎裂结构	Ⅳ
左 PD7a	195～200	4	28	15.63	0.08	碎裂结构	Ⅴ
左 PD7a	200～205	5	23	13.1	0.32	次块状结构	Ⅳ
左 PD7a	205～210	5	21	19.98	0.15	镶嵌碎裂结构	Ⅳ
左 PD7a	210～215	5	37	28.38	0.17	镶嵌碎裂结构	Ⅳ
左 PD7a	215～220	4	15	15.07	0.04	碎裂结构	Ⅴ
左 PD7a	220～225	2	9	8.23	0.44	次块状结构	Ⅲ₁
左 PD7a	225～230	3	11	11.3	0.29	镶嵌碎裂结构	Ⅳ

　　从现场的观察可以明显地感觉到无论是位于地下水位以上的 PD7 平洞，还是位于河水位以下的 XJ202 斜井水平段，不仅洞室周边的岩体无任何掉块、塌方现象，而且位于河水位下的 XJ202 斜井水平段不见任何渗水现象，就是滴水现象也难以见到，这表明岩体处于一种相对紧密的状态，为揭示这一问题，

在 PD7 平洞，PD207 平洞、XJ202 斜井及其他地段开展了大量的孔内（风钻孔）声波速度测试，获得的岩体纵波速度及完整性系数，绝大部分地段在 0.75 以上，出现了块度为碎块状，而完整性指标却为完整、较完整性的完全相反、不对应的现象，表 2-8 是评价的资料和结果。此种情况在 XJ202 斜井也同样如此（表 2-9）。

表 2-8　PD7 平洞裂隙间距、完整性系数与岩体结构、岩体质量等级

洞深/m	用裂隙间距划分岩体结构			用完整性系数划分岩体结构			两种分类、分级的对应性
	最小间距/m	岩体结构类型	岩体质量等级	完整性系数	岩体结构类型	岩体质量等级	
130～135	0.14	镶嵌碎裂结构	IV	0.818	块状结构	I、II	完全相反、不对应
135～140	0.12	镶嵌碎裂结构	IV	0.801	块状结构	I、II	完全相反、不对应
140～145	0.19	镶嵌碎裂结构	IV	0.896	块状结构	I、II	完全相反、不对应
145～150	0.22	镶嵌碎裂结构	IV	0.845	块状结构	I、II	完全相反、不对应
150～155	0.3	次块状结构	III$_2$	0.835	块状结构	I、II	完全相反、不对应
155～160	0.11	镶嵌碎裂结构	IV	0.903	块状结构	I、II	完全相反、不对应
160～165	0.19	镶嵌碎裂结构	IV	0.866	块状结构	I、II	完全相反、不对应
165～170	0.1	镶嵌碎裂结构	IV	0.904	块状结构	I、II	完全相反、不对应
180～175	0.04	碎裂结构	V	0.901	块状结构	I、II	完全相反、不对应
175～180	0.04	碎裂结构	V	0.875	块状结构	I、II	完全相反、不对应
180～185	0.08	碎裂结构	V	0.912	块状结构	I、II	完全相反、不对应
185～190	0.11	镶嵌碎裂结构	IV	0.941	块状结构	I、II	完全相反、不对应
190～195	0.2	镶嵌碎裂结构	IV	0.922	块状结构	I、II	完全相反、不对应
195～200	0.08	碎裂结构	V	0.875	块状结构	I、II	完全相反、不对应
200～205	0.32	次块状结构	III$_2$	0.825	块状结构	I、II	完全相反、不对应
205～210	0.15	镶嵌碎裂结构	IV	0.843	块状结构	I、II	完全相反、不对应
210～215	0.17	镶嵌碎裂结构	IV	0.532	次块状结构	III$_1$	完全相反、不对应
215～220	0.04	碎裂结构	V	0.531	次块状结构	III$_1$	完全相反、不对应
220～225	0.44	次块状结构	III$_1$	0.803	块状结构	I、II	完全相反、不对应
225～230	0.29	镶嵌碎裂结构	IV	0.671	块状结构	II	完全相反、不对应

表 2-9　XJ202 斜井波速、完整性程度及岩级

位置 (距洞口)/m	岩体波速 /(m/s)	完整性系数	完整性	对应岩级	位置 (距洞口)/m	岩体波速 /(m/s)	完整性系数	完整性	对应岩级	备注
50	5500	0.84	完整	Ⅰ、Ⅱ	104	5612	0.87	完整	Ⅰ、Ⅱ	
53	5189	0.75	较完整	Ⅰ、Ⅱ	107	4825	0.65	较完整	Ⅱ	
56	5500	0.84	完整	Ⅰ、Ⅱ	110	5500	0.84	完整	Ⅰ、Ⅱ	
59	5556	0.86	完整	Ⅰ、Ⅱ	113	5612	0.87	完整	Ⅰ、Ⅱ	
62	4648	0.60	较完整	Ⅱ	115	5612	0.87	完整	Ⅰ、Ⅱ	
65	4177	0.48	完整性差	Ⅲ$_1$	118	5500	0.84	完整	Ⅰ、Ⅱ	
68	5000	0.69	较完整	Ⅱ	121	5612	0.87	完整	Ⅰ、Ⅱ	
71	4853	0.65	较完整	Ⅱ	124	5670	0.89	完整	Ⅰ、Ⅱ	水平段 (裂面绿泥石化岩体)
74	5392	0.81	完整	Ⅰ、Ⅱ	127	5729	0.91	完整	Ⅰ、Ⅱ	
77	5556	0.86	完整	Ⅰ、Ⅱ	130	5789	0.93	完整	Ⅰ、Ⅱ	
80	5392	0.81	完整	Ⅰ、Ⅱ	133	5288	0.78	完整	Ⅰ、Ⅱ	
83	5446	0.82	完整	Ⅰ、Ⅱ	136	5446	0.82	完整	Ⅰ、Ⅱ	
86	5446	0.82	完整	Ⅰ、Ⅱ	139	5556	0.86	完整	Ⅰ、Ⅱ	
89	5500	0.84	完整	Ⅰ、Ⅱ	142	5340	0.79	完整	Ⅰ、Ⅱ	
92	5000	0.69	较完整	Ⅱ	145	5446	0.82	完整	Ⅰ、Ⅱ	
95	5093	0.72	较完整	Ⅱ	148	5500	0.84	完整	Ⅰ、Ⅱ	
98	5077	0.72	较完整	Ⅱ	151	5670	0.89	完整	Ⅰ、Ⅱ	
101	5556	0.86	完整	Ⅰ、Ⅱ						

上述现象表明：

（1）金安桥电站坝基裂面绿泥石化岩体是一种新的、以前很少见到的特殊岩体。

（2）用现行规范中的指标评价金安桥坝基裂面绿泥石化岩体的结构类型、岩体质量等级时出现相互矛盾和不对应性现象，这表明国家标准 GB 50287—1999 和各大工程应用行之有效的分类、分级指标，不适于金安桥水电站坝基裂面绿泥石化岩体。

（3）上述问题的出现是由于裂面绿泥石化裂隙在玄武岩后期热液作用下岩石蚀变形成绿泥石或热液中的绿泥石沉淀于隙壁对裂隙有黏结的原因。

（4）形成于玄武岩后期作用的裂面绿泥石化岩体，尽管时间稍晚，但仍可归属于与玄武岩成岩时同期形成，裂隙有原生性特征。

（5）裂面绿泥石化裂隙及其改造的岩体，尽管碎裂，但却是原位下的碎裂，

完全不同于构造作用形成的破碎带、岩块间有错位的碎裂岩体。对这一类新的岩体，将其定名为"原位镶嵌碎裂岩体"。

2.2.2　金安桥坝基裂面绿泥石化"原位镶嵌碎裂岩体"的基本特征

金安桥坝基裂面绿泥石化岩体有以下较为典型的特征：

（1）原位条件下的碎裂特征：现场对左岸灌浆平台两个灌浆孔 W_1、W_3 岩心的跟踪监测表明：岩石中有绿泥石的裂纹较多，虽经钻探搅动，但仍有不少岩心黏结较好，保持其完整、柱状特征，图 2-7 ～图 2-10，是绿泥石裂面仍与两侧岩石保持为一个整体的例子。

（2）具有似完整性特征：由于裂面系成岩期形成且保存下来，在未发生错位情况下，岩石就像"有裂纹的玻璃杯"、"有裂纹的瓷碗"一样（图 2-11，图 2-12），尽管裂纹存在，但杯、碗仍呈"似完好状"，装水不漏，因而岩体结构呈现一种"似完整"状况。

（3）处于原位条件下紧密、黏结的碎裂岩体渗透性很弱："似完整性"的存在，是坝基各钻孔岩体渗透性普遍小于 1 吕荣的重要原因，这与溪洛渡电站河床坝基 100 m 深度内同时代玄武岩的渗透指标达到 10～20 吕荣形成鲜明对照。

图 2-7　左岸 W_1 灌浆孔岩心上的绿泥石裂面

图 2-8　左岸 W_3 灌浆孔岩心上绿泥石裂面（一）

图 2-9　左岸 W_3 灌浆孔
岩心上绿泥石裂面（二）

图 2-10　左岸 W_3 灌浆孔
岩心上绿泥石裂面（三）

图 2-11　像有裂纹的玻璃杯
似的岩心及裂面绿泥石化裂纹
岩心仍保持柱状，不漏水

图 2-12　裂面绿泥石化的
岩心，有似含有裂纹的玻璃杯，
仍保持完整性，不漏水

（4）处于原位条件下的岩体完整性指标高："似完整性"的存在，处于一定埋藏条件下时，岩体波速与无裂面绿泥石化裂隙的岩体的波速没有明显的差异，波速高、完整性系数高。

（5）在受到不大的冲击时，仍能保持似完整性：当"似完整性玄武岩"在未受到大的冲击时，岩体可保持其整体性。

（6）裂面绿泥石化岩体原位条件下具有高纵波速度特征，这不仅表明裂面绿泥石岩体因其原位镶嵌碎裂及绿泥石的黏结，岩体的密度已趋近正常致密玄武岩体的密度。岩体动弹性模量和岩体剪切模量分别可表达为

$$E = \frac{\gamma V_\mathrm{p}^2 (1 - \mu)}{(1 + \mu)(1 - 2\mu)} \tag{2-1}$$

$$G = \frac{E}{2(1 + \mu)} \tag{2-2}$$

式中，V_p 为岩体纵波速度；γ 为岩体密度；E 为岩体动弹性模量；μ 为泊松比；G 为岩体剪切模量。

从上式可以看出，岩体动弹性模量、剪切模量与岩体密度、岩体纵波速度呈现正向相关性，上述关系式是波动力学从理论上获得的，它们展示了波速与弹性介质各参数、密度的关系，即随着二者中任一个量值的增加，岩体抗变形能力（动弹模）会增加，二者中岩体的密度，就玄武岩而言，若为新鲜岩体，则取 $\gamma = 30 \ \mathrm{kN/m^3}$，弱上风化岩体取 $\gamma = 28.5 \ \mathrm{kN/m^3}$，其差值仅 5%，因此对同一岩体因风化造成的密度降低对模量的影响是有限的，而纵波速度随岩石类型、岩体结构、风化程度变化很大，又是以平方形式影响岩体模量，因此原位条件下裂面绿泥石化岩体的高纵波速度，直接反映了岩体有较高的变形模量及抗变形能力，这与大量的工程实践中碎裂岩体的纵波速度仅为 $2 \sim 3 \ \mathrm{km/s}$、变形模量仅为 $0.5 \sim 2 \ \mathrm{GPa}$ 完全不同。

2.2.3　金安桥坝基裂面绿泥石化岩体的结构划分

前面已详细地分析了目前采用的岩体结构分类方案不适合金安桥坝基裂面绿泥石化岩体，其原因是原位镶嵌碎裂的裂纹及绿泥石的黏结，改变了结构体间的组合特征。为此应选用能表征这种状态的指标，按照岩体保持其初始原位镶嵌碎裂的状况进行结构分类，将有可能展示这类岩体的工程地质特征。根据这些情况，选择岩体纵波速度（V_p）、岩体完整性系数（K_v）、岩体透水性指标吕荣值作为裂面绿泥石化岩体结构划分的量化指标，按其"原位镶嵌碎裂结构"的保存状况作为分类的冠名。为了适度从简及工程应用，仅分出三类，详细见表 2-10。

表 2-10　金安桥电站坝基裂面绿泥石化岩体结构分类

结构类型	基本特征	纵波速度 V_p/(m/s)	代表性指标 完整性系数 K_v	吕荣值
紧密"原位镶嵌碎裂结构"	岩石坚硬、裂面绿泥石化裂隙发育，间距 0.1～0.4 m，延伸短，一般小于 1.0 m，呈原位镶嵌—碎裂状，原位条件下裂面多为绿泥石、石英脉黏结，岩石纵波速度 5500 m/s 以上，岩体完整性系数 0.75 以上，保持具有早期的紧密结构，岩体透水性微弱，吕荣值小于 0.6 个单位	区间值 5200～6000 平均值>5500	>0.75	≤0.85
有轻度松弛的"原位镶嵌碎裂结构"	岩石坚硬，裂面绿泥石化裂隙发育，间距 0.05～0.4 m，长度大多小于 1 m，镶嵌碎裂状，受河谷风化、应力场变化虽有轻度松弛，但仍保持较紧密的结构，岩体纵波速度 4200 m/s 以上，岩体完整性系数 0.55 以上，岩体透水性弱，吕荣值小于 2 个单位	区间值 4200～5200 平均值 >4500	区间值 0.49～0.75 平均值 >0.55	0.85～1.7
松弛的"原位镶嵌碎裂结构"	岩石坚硬，裂面绿泥石裂隙发育的间距 0.05～0.4 m，有较多表生结构面，呈碎裂状，结构松弛明显、岩体纵波速度 <4200 m/s，岩体完整性系数<0.49，吕荣值大于 2 个单位	区间值 2200～4200 平均值 >3000	区间值 0.15～0.49 平均值 >0.25	1.7～18 平均值为 8

2.3　坝基不同部位岩体结构评价

在坝基 7#～9# 坝段布置三条精细测线带，测线按 1 m×1 m 视窗，分别研究其对应的岩体结构特征，三条测线布置示意图见图 2-13。现场采用 1 m×1 m 的视窗进行摄录，分别对一条测线上的所有视窗摄录，解译后，形成整条测线对应的裂隙分布图，图 2-14 为测线 3 某两视窗的影像资料。通过现场影像摄录，采用自主开发的程序进行影像资料解译，形成裂隙分布资料。图 2-15～图 2-17 为测线 1 对应的影像资料、解译与裂隙分布图，图 2-18～图 2-20 为测线 2 对应的影像资料、解译与裂隙分布图，图 2-21～图 2-23 为测线 3 对应的影像资料、解译与裂隙分布图。结合现场的波速测试、力学试验，3 条测线的岩体结构评价结果列于表 2-11、表 2-12 和表 2-13。

从评价结果来看，测线 1 按国标评价碎裂结构占 74%，镶嵌碎裂占 21%，次块状占 5%；按金安桥岩体结构方案划分，紧密"原位镶嵌碎裂结构"占 77%，有轻度松弛的"原位镶嵌碎裂结构"占 23%。测线 2 按国标评价碎裂结构占 88%，镶嵌碎裂占 12%；按金安桥岩体结构方案划分，紧密"原位镶嵌碎裂结构"占 70%，有轻度松弛的"原位镶嵌碎裂结构"占 30%。测线 3 按国标评价碎裂结构占 88%，镶嵌碎裂占 12%；按金安桥岩体结构方案划分，紧密"原位镶嵌碎裂结构"占 77%，有轻度松弛的"原位镶嵌碎裂结构"占 23%。总的来看，按照国标划分，坝基岩体主要为碎裂岩体，少部分为镶嵌碎裂岩体；按照金安桥岩体结构方案划分，主要为紧密"原位镶嵌碎裂结构"，少部分为有轻度松弛的"原位镶嵌碎裂结构"。从坝体开挖揭露的情况，声波测试与坝面上的大量变形试验来看，金安桥岩体结构方案划分才能真正体现金安桥水电站坝基裂面绿泥石化岩体特殊的岩体结构与力学特征。

图 2-13　坝基岩体结构研究三条测线布置图

图 2-14　测线 3 某两视窗的影像资料

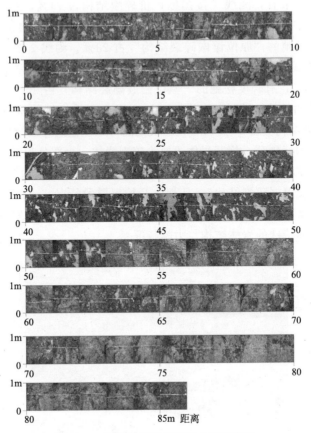

图 2-15　坝基岩体结构测线 1 影像资料

表 2-11　坝基测线 1 岩体结构对应表

桩号	按国标划分	按金安桥方案划分	桩号	按国标划分	按金安桥方案划分
0～1	碎裂	紧密"原位镶嵌碎裂结构"	5～6	碎裂	紧密"原位镶嵌碎裂结构"
1～2	镶嵌碎裂	紧密"原位镶嵌碎裂结构"	6～7	碎裂	紧密"原位镶嵌碎裂结构"
2～3	镶嵌碎裂	紧密"原位镶嵌碎裂结构"	7～8	碎裂	有轻度松弛的"原位镶嵌碎裂结构"
3～4	碎裂	有轻度松弛的"原位镶嵌碎裂结构"	8～9	碎裂	有轻度松弛的"原位镶嵌碎裂结构"
4～5	碎裂	紧密"原位镶嵌碎裂结构"	9～10	碎裂	紧密"原位镶嵌碎裂结构"

续表

桩号	按国标划分	按金安桥方案划分	桩号	按国标划分	按金安桥方案划分
10~11	碎裂	有轻度松弛的"原位镶嵌碎裂结构"	26~27	碎裂	紧密"原位镶嵌碎裂结构"
11~12	镶嵌碎裂	紧密"原位镶嵌碎裂结构"	27~28	碎裂	紧密"原位镶嵌碎裂结构"
12~13	碎裂	有轻度松弛的"原位镶嵌碎裂结构"	28~29	碎裂	紧密"原位镶嵌碎裂结构"
13~14	碎裂	紧密"原位镶嵌碎裂结构"	29~30	镶嵌碎裂	紧密"原位镶嵌碎裂结构"
14~15	碎裂	紧密"原位镶嵌碎裂结构"	30~31	碎裂	有轻度松弛的"原位镶嵌碎裂结构"
15~16	碎裂	有轻度松弛的"原位镶嵌碎裂结构"	31~32	镶嵌碎裂	紧密"原位镶嵌碎裂结构"
16~17	碎裂	紧密"原位镶嵌碎裂结构"	32~33	镶嵌碎裂	紧密"原位镶嵌碎裂结构"
17~18	碎裂	紧密"原位镶嵌碎裂结构"	33~34	碎裂	紧密"原位镶嵌碎裂结构"
18~19	碎裂	有轻度松弛的"原位镶嵌碎裂结构"	34~35	碎裂	紧密"原位镶嵌碎裂结构"
19~20	碎裂	紧密"原位镶嵌碎裂结构"	35~36	碎裂	紧密"原位镶嵌碎裂结构"
20~21	碎裂	紧密"原位镶嵌碎裂结构"	36~37	碎裂	有轻度松弛的"原位镶嵌碎裂结构"
21~22	碎裂	紧密"原位镶嵌碎裂结构"	37~38	碎裂	紧密"原位镶嵌碎裂结构"
22~23	镶嵌碎裂	紧密"原位镶嵌碎裂结构"	38~39	碎裂	紧密"原位镶嵌碎裂结构"
23~24	碎裂	紧密"原位镶嵌碎裂结构"	39~40	碎裂	有轻度松弛的"原位镶嵌碎裂结构"
24~25	碎裂	紧密"原位镶嵌碎裂结构"	40~41	碎裂	紧密"原位镶嵌碎裂结构"
25~26	碎裂	紧密"原位镶嵌碎裂结构"	41~42	碎裂	紧密"原位镶嵌碎裂结构"

桩号	按国标划分	按金安桥方案划分	桩号	按国标划分	按金安桥方案划分
42~43	碎裂	紧密"原位镶嵌碎裂结构"	58~59	镶嵌碎裂	紧密"原位镶嵌碎裂结构"
43~44	碎裂	紧密"原位镶嵌碎裂结构"	59~60	碎裂	紧密"原位镶嵌碎裂结构"
44~45	碎裂	紧密"原位镶嵌碎裂结构"	60~61	镶嵌碎裂	紧密"原位镶嵌碎裂结构"
45~46	碎裂	紧密"原位镶嵌碎裂结构"	61~62	碎裂	有轻度松弛的"原位镶嵌碎裂结构"
46~47	碎裂	紧密"原位镶嵌碎裂结构"	62~63	碎裂	有轻度松弛的"原位镶嵌碎裂结构"
47~48	碎裂	紧密"原位镶嵌碎裂结构"	63~64	碎裂	有轻度松弛的"原位镶嵌碎裂结构"
48~49	碎裂	紧密"原位镶嵌碎裂结构"	64~65	碎裂	紧密"原位镶嵌碎裂结构"
49~50	碎裂	紧密"原位镶嵌碎裂结构"	65~66	碎裂	紧密"原位镶嵌碎裂结构"
50~51	次块状	紧密"原位镶嵌碎裂结构"	66~67	镶嵌碎裂	紧密"原位镶嵌碎裂结构"
51~52	碎裂	紧密"原位镶嵌碎裂结构"	67~68	镶嵌碎裂	紧密"原位镶嵌碎裂结构"
52~53	碎裂	紧密"原位镶嵌碎裂结构"	68~69	镶嵌碎裂	紧密"原位镶嵌碎裂结构"
53~54	镶嵌碎裂	紧密"原位镶嵌碎裂结构"	69~70	碎裂	紧密"原位镶嵌碎裂结构"
54~55	碎裂	紧密"原位镶嵌碎裂结构"	70~71	镶嵌碎裂	有轻度松弛的"原位镶嵌碎裂结构"
55~56	碎裂	有轻度松弛的"原位镶嵌碎裂结构"	71~72	碎裂	紧密"原位镶嵌碎裂结构"
56~57	碎裂	紧密"原位镶嵌碎裂结构"	72~73	次块状	紧密"原位镶嵌碎裂结构"
57~58	碎裂	有轻度松弛的"原位镶嵌碎裂结构"	73~74	次块状	紧密"原位镶嵌碎裂结构"

续表

桩号	按国标划分	按金安桥方案划分	桩号	按国标划分	按金安桥方案划分
74～75	次块状	紧密"原位镶嵌碎裂结构"	80～81	镶嵌碎裂	紧密"原位镶嵌碎裂结构"
75～76	碎裂	有轻度松弛的"原位镶嵌碎裂结构"	81～82	碎裂	有轻度松弛的"原位镶嵌碎裂结构"
76～77	碎裂	紧密"原位镶嵌碎裂结构"	82～83	碎裂	紧密"原位镶嵌碎裂结构"
77～78	碎裂	紧密"原位镶嵌碎裂结构"	83～84	碎裂	紧密"原位镶嵌碎裂结构"
78～79	镶嵌碎裂	紧密"原位镶嵌碎裂结构"	84～85	镶嵌碎裂	有轻度松弛的"原位镶嵌碎裂结构"
79～80	碎裂	有轻度松弛的"原位镶嵌碎裂结构"	85～86	镶嵌碎裂	紧密"原位镶嵌碎裂结构"

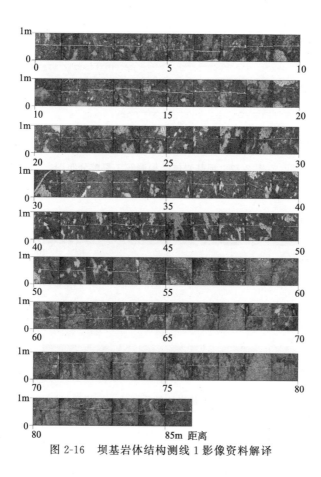

图 2-16　坝基岩体结构测线 1 影像资料解译

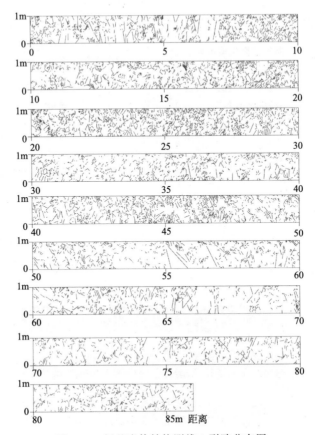

图 2-17　坝基岩体结构测线 1 裂隙分布图

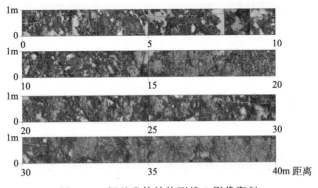

图 2-18　坝基岩体结构测线 2 影像资料

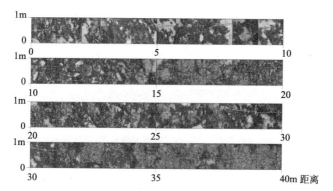

图 2-19　坝基岩体结构测线 2 影像资料解译

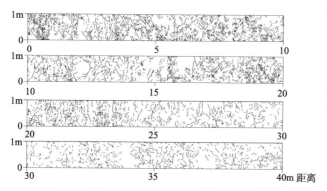

图 2-20　坝基岩体结构测线 2 裂隙分布图

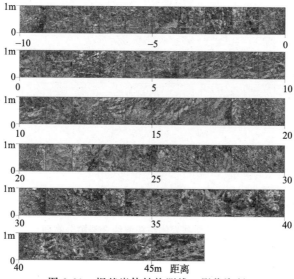

图 2-21　坝基岩体结构测线 3 影像资料

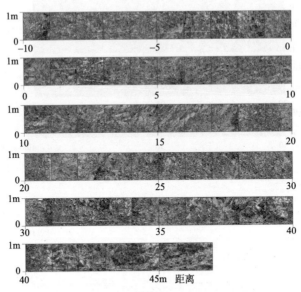

图 2-22　坝基岩体结构测线 3 影像资料解译

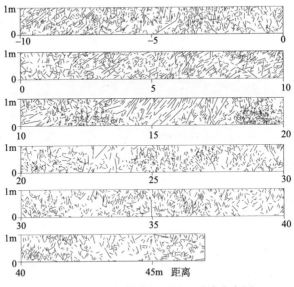

图 2-23　坝基岩体结构测线 3 裂隙分布图

表 2-12　坝基测线 2 岩体结构对应表

桩号	按国标划分	按金安桥方案划分	桩号	按国标划分	按金安桥方案划分
0～1	碎裂	有轻度松弛的"原位镶嵌碎裂结构"	20～21	碎裂	有轻度松弛的"原位镶嵌碎裂结构"
1～2	碎裂	紧密"原位镶嵌碎裂结构"	21～22	碎裂	有轻度松弛的"原位镶嵌碎裂结构"
2～3	镶嵌碎裂	紧密"原位镶嵌碎裂结构"	22～23	碎裂	紧密"原位镶嵌碎裂结构"
3～4	碎裂	紧密"原位镶嵌碎裂结构"	23～24	碎裂	有轻度松弛的"原位镶嵌碎裂结构"
4～5	碎裂	紧密"原位镶嵌碎裂结构"	24～25	碎裂	紧密"原位镶嵌碎裂结构"
5～6	碎裂	紧密"原位镶嵌碎裂结构"	25～26	镶嵌碎裂	紧密"原位镶嵌碎裂结构"
6～7	碎裂	有轻度松弛的"原位镶嵌碎裂结构"	26～27	碎裂	紧密"原位镶嵌碎裂结构"
7～8	碎裂	有轻度松弛的"原位镶嵌碎裂结构"	27～28	碎裂	紧密"原位镶嵌碎裂结构"
8～9	碎裂	有轻度松弛的"原位镶嵌碎裂结构"	28～29	碎裂	紧密"原位镶嵌碎裂结构"
9～10	碎裂	紧密"原位镶嵌碎裂结构"	29～30	碎裂	紧密"原位镶嵌碎裂结构"
10～11	碎裂	紧密"原位镶嵌碎裂结构"	30～31	碎裂	紧密"原位镶嵌碎裂结构"
11～12	碎裂	紧密"原位镶嵌碎裂结构"	31～32	碎裂	有轻度松弛的"原位镶嵌碎裂结构"
12～13	碎裂	紧密"原位镶嵌碎裂结构"	32～33	碎裂	紧密"原位镶嵌碎裂结构"
13～14	碎裂	紧密"原位镶嵌碎裂结构"	33～34	碎裂	有轻度松弛的"原位镶嵌碎裂结构"
14～15	镶嵌碎裂	紧密"原位镶嵌碎裂结构"	34～35	碎裂	紧密"原位镶嵌碎裂结构"
15～16	碎裂	有轻度松弛的"原位镶嵌碎裂结构"	35～36	碎裂	紧密"原位镶嵌碎裂结构"
16～17	镶嵌碎裂	紧密"原位镶嵌碎裂结构"	36～37	碎裂	紧密"原位镶嵌碎裂结构"
17～18	碎裂	紧密"原位镶嵌碎裂结构"	37～38	镶嵌碎裂	紧密"原位镶嵌碎裂结构"
18～19	碎裂	有轻度松弛的"原位镶嵌碎裂结构"	38～39	碎裂	紧密"原位镶嵌碎裂结构"
19～20	碎裂	有轻度松弛的"原位镶嵌碎裂结构"	39～40	碎裂	紧密"原位镶嵌碎裂结构"

表 2-13　坝基测线 3 岩体结构对应表

桩号	按国标划分	按金安桥方案划分	桩号	按国标划分	按金安桥方案划分
−10～−9	碎裂	有轻度松弛的"原位镶嵌碎裂结构"	19～20	碎裂	有轻度松弛的"原位镶嵌碎裂结构"
−9～−8	碎裂	紧密"原位镶嵌碎裂结构"	20～21	碎裂	紧密"原位镶嵌碎裂结构"
−8～−7	碎裂	紧密"原位镶嵌碎裂结构"	21～22	镶嵌碎裂	紧密"原位镶嵌碎裂结构"
−7～−6	碎裂	紧密"原位镶嵌碎裂结构"	22～23	碎裂	紧密"原位镶嵌碎裂结构"
−6～−5	碎裂	紧密"原位镶嵌碎裂结构"	23～24	碎裂	紧密"原位镶嵌碎裂结构"
−5～−4	碎裂	紧密"原位镶嵌碎裂结构"	24～25	碎裂	有轻度松弛的"原位镶嵌碎裂结构"
−4～−3	碎裂	有轻度松弛的"原位镶嵌碎裂结构"	25～26	碎裂	有轻度松弛的"原位镶嵌碎裂结构"
−3～−2	碎裂	有轻度松弛的"原位镶嵌碎裂结构"	26～27	碎裂	紧密"原位镶嵌碎裂结构"
−2～−1	碎裂	紧密"原位镶嵌碎裂结构"	27～28	碎裂	紧密"原位镶嵌碎裂结构"
−1～0	镶嵌碎裂	紧密"原位镶嵌碎裂结构"	28～29	碎裂	紧密"原位镶嵌碎裂结构"
0～1	镶嵌碎裂	紧密"原位镶嵌碎裂结构"	29～30	碎裂	紧密"原位镶嵌碎裂结构"
1～2	碎裂	紧密"原位镶嵌碎裂结构"	30～31	碎裂	紧密"原位镶嵌碎裂结构"
2～3	碎裂	紧密"原位镶嵌碎裂结构"	31～32	碎裂	有轻度松弛的"原位镶嵌碎裂结构"
3～4	碎裂	有轻度松弛的"原位镶嵌碎裂结构"	32～33	碎裂	紧密"原位镶嵌碎裂结构"
4～5	镶嵌碎裂	紧密"原位镶嵌碎裂结构"	33～34	碎裂	紧密"原位镶嵌碎裂结构"
5～6	碎裂	有轻度松弛的"原位镶嵌碎裂结构"	34～35	碎裂	紧密"原位镶嵌碎裂结构"
6～7	碎裂	有轻度松弛的"原位镶嵌碎裂结构"	35～36	碎裂	紧密"原位镶嵌碎裂结构"
7～8	碎裂	紧密"原位镶嵌碎裂结构"	36～37	碎裂	有轻度松弛的"原位镶嵌碎裂结构"
8～9	碎裂	紧密"原位镶嵌碎裂结构"	37～38	镶嵌碎裂	紧密"原位镶嵌碎裂结构"
9～10	碎裂	紧密"原位镶嵌碎裂结构"	38～39	碎裂	紧密"原位镶嵌碎裂结构"
10～11	碎裂	紧密"原位镶嵌碎裂结构"	39～40	碎裂	紧密"原位镶嵌碎裂结构"
11～12	碎裂	紧密"原位镶嵌碎裂结构"	40～41	碎裂	紧密"原位镶嵌碎裂结构"
12～13	碎裂	有轻度松弛的"原位镶嵌碎裂结构"	41～42	碎裂	紧密"原位镶嵌碎裂结构"
13～14	碎裂	紧密"原位镶嵌碎裂结构"	42～43	碎裂	紧密"原位镶嵌碎裂结构"
14～15	碎裂	紧密"原位镶嵌碎裂结构"	43～44	碎裂	紧密"原位镶嵌碎裂结构"
15～16	镶嵌碎裂	紧密"原位镶嵌碎裂结构"	44～45	镶嵌碎裂	紧密"原位镶嵌碎裂结构"
16～17	碎裂	紧密"原位镶嵌碎裂结构"	45～46	碎裂	紧密"原位镶嵌碎裂结构"
17～18	碎裂	紧密"原位镶嵌碎裂结构"	46～47	碎裂	紧密"原位镶嵌碎裂结构"
18～19	碎裂	有轻度松弛的"原位镶嵌碎裂结构"			

2.4 坝基裂面绿泥石岩体质量分级及判定标准

在可行性研究阶段，中国水电顾问集团昆明勘测设计研究院（以下简称昆明院）和成都理工大学分别对金安桥水电站坝基裂面绿泥石的岩级进行了划分，见表 2-14、表 2-15。从两个单位岩级划分表中可以得到有关裂面绿泥石化岩体的主要特征指标，表 2-16 为裂面绿泥石化岩体的主要特征指标，将表 2-16 中有关Ⅲ₁级岩体的指标与其他工程的代表性指标进行比较，可以得出：

（1）金安桥坝基相当于Ⅲ₁级，裂面绿泥石化岩体的风化分带与其他工程坝基Ⅲ₁岩体相同。

（2）岩体纵波速度：成都理工大学方案与各工程坝基Ⅲ₁级岩体相近，昆明院方案波速的上限值与李家峡水电站坝基的Ⅲ₁级岩体相当。

（3）岩体变形模量：金安桥坝基裂面绿泥石化岩体的Ⅲ₁级岩体的变形模量与几个大型已建工程Ⅲ₁级岩体的变形模量是一致的或相同的，且量值已达到国家标准 GB 50287-1999 中Ⅲ₁—Ⅱ下级岩体的变形模量，因而既达到了规范的要求，又与已建大型工程经过运行检验的标准相适应，因而留有高的安全裕度。

（4）岩体块度：金安桥为碎裂、镶嵌状，其他已建工程为次块状、块状，金安桥块度小，但完整性系数与各工程相近或略高。

由上述可知，金安桥坝基裂面绿泥石化岩体除块度外，其余各项指标与已建工程的Ⅲ₁级岩体的指标相近或稍高，特别是高的波速、低的渗透性，完全展示了它们的嵌合非常紧密，在力学参数上表现出高的变形模量，满足混凝土坝对岩体变形模量的要求。

将表 2-17 中的指标与前面各工程Ⅲ₂级岩体的指标进行比较，可以得出：

（1）成都理工大学方案限定的弱上风化带裂面绿泥石化岩体与其他工程具有对应性，昆明院方案限定为弱下-新鲜岩体，风化程度相差较大。

（2）岩体波速相当于已建工程坝基的Ⅲ₂级岩体的波速。

（3）岩体变形模量 4～6 GPa 相当于其他工程Ⅲ₂～Ⅳ₁级的变形参数。

表2-14　金安桥水电站坝基岩体质量分类（昆明院）

岩体质量类别	坝基建基面利用标准	岩石名称	岩石湿抗压强度 R_c/MPa	岩体特征	岩体结构	风化程度	RQD/%	BSD/%	岩体纵波速度/(m/s)	容重/(kN/m³)	弹性模量 E/GPa	变形模量 E_0/GPa	泊松比 μ	f'（混凝土/岩体）	c'/MPa	允许承载力 R_0/MPa
Ⅰ	可直接利用	致密玄武岩、杏仁状玄武岩、火山角砾熔岩	>80	岩体呈整体状、节理不发育，闭合，贯穿性结构面少，无影响稳定的整体控制性结构面，岩体强度高	整体状结构	微风化至新鲜	>95	>90	>5000	28.0	>25	>22	<0.25	1.75 / 1.50	2.00 / 1.50	10.0
Ⅱ		致密玄武岩、杏仁状玄武岩、火山角砾熔岩、熔结凝灰岩	>60	岩体呈块状、完整性较好，少部分为块状，一般节理1~2组、节理、闭合，岩体强度高	块状结构	弱风化下带至新鲜	85~95	70~90	4500~5500	28.0~27.0	18	15	0.25	1.40 / 1.25	1.80 / 1.20	8.0~9.0
Ⅲa	经适当工程处理后，应充分利用	致密玄武岩、杏仁状玄武岩、火山角砾熔结凝灰岩 >60		岩体呈次块状及镶嵌碎裂结构，一般发育2~3组节理，多弱风化，闭合，少部分微张，一般镶嵌，岩体仍具较高强度	次块状及镶嵌碎裂结构	弱风化下带至新鲜	55~85	50~70	4000~5000	26.0~28.0	12	10	0.26	1.25 / 1.15	1.30 / 1.00	7.0~8.0
Ⅲb	经妥善的工程处理后，可予以利用	玄武岩、致密玄武岩		岩体呈紧密镶嵌碎裂结构	紧密镶嵌碎裂结构		35~55	30~50	3500~4500	25.0~27.0	10	8~10	0.27	1.15 / 1.10	1.00 / 0.90	6.0~8.0
Ⅲc	经处理后，可利用	玄武岩、致密玄武岩 >60		岩体呈原位碎裂结构，节理、反绿微裂散发育，岩块镶嵌紧密	原位碎裂结构、面绿泥石化岩体	弱风化下带至新鲜		<30	3000~4000	24.0~26.0	8~10	4~6	0.28	0.95 / 0.95	0.7 / 0.7	5.0~6.5
Ⅳ	做混凝土坝地基，须进行专门性工程处理	>30		岩体节理、裂隙极为发育，岩体完整性差	碎裂结构	弱风化上带至新鲜	<35		<3000	22.0~24.0	5~8	2~3	0.30	0.75 / 0.75	0.30 / 0.30	1.0~2.0
Ⅴ	不宜作为高混凝土坝坝基，应挖除或进行专门性工程处理	断层带、全风化或强风化岩体		结构松散，强度低	散体结构	全、强风化至新鲜			<2000		0.8~3	0.2~2	0.30	0.40~0.55 / 0.45~0.55	0.05~0.30 / 0.05~0.30	

表 2-15　金安桥坝基裂面绿泥石化岩体质量分级（成都理工大学）

分级		定性指标	岩体结构类型	主要量化指标							对应国际 GB 50287—2006 中的岩级
岩级	亚级			岩体纵波速度 V_p/(m/s)	岩体完整性系数 K_v	岩体透水性指标/Lu	岩体抗剪断		变形模量/GPa		
							f_{dk}	c_{dk}/MPa			
II		微风化-新鲜裂面绿泥石化岩体，岩石坚硬，裂面绿泥石化裂隙发育，间距 0.05～0.4 m，延伸性差，长度多小于 1 m，紧密闭合状，裂面多似绿泥石黏结，岩体具似完整性，完整性系数高，有较好的抗变形能力和较高的强度参数，微透水性，可作为高混凝土坝地基	紧密原位镶嵌碎裂结构	5200～6000 平均>5500	>0.75	≤0.85	1.22	1.36	≥16		II
III	III₁	弱风化下带，微风化裂面绿泥石化岩体，岩石坚硬，裂面绿泥石化裂隙发育，间距 0.05～0.4 m，受河谷风化、应力场变化影响，长度多小于 1 m，有轻度松弛，但仍保持原位镶嵌碎裂的较紧密状态，有相好的抗变形能力和强度参数，弱透水性，做一定处理后可作为高混凝土坝地基	较紧密的原位镶嵌碎裂结构	4200～5200 平均>4500	0.49～0.75 平均>0.55	0.85～1.70 平均 1.05	1.03～1.22 平均 1.05	1.05～1.36 平均 1.16	9.7～16 平均>11.5		III₁
	III₂	弱上风化裂面绿泥石化岩体，岩石坚硬，裂面绿泥石化裂隙发育，间距 0.05～0.4 m，部分裂面绿泥石化裂隙差，有浅表生裂隙发育，结构松弛表现较明显，岩体变形能力和明显强度参数较较低，不宜作高混凝土坝地基	松弛的原位镶嵌碎裂结构	2200～4200 平均>3000	0.15～0.49 平均>0.25	1.70～18 平均 8.0	0.56～1.03 平均 0.73	0.33～1.05 平均 0.69	2.2～9.7 平均>4.4		III₂
IV		强风化裂面绿泥石化岩体，裂面绿泥石化裂隙发育，风化严重，岩体松，裂隙张开、锈斑普遍，浅表生强风化岩体无大的区别，岩体抗变形能力很差，强度低	风化碎裂结构	<2200	<0.15	>18	<0.56	<0.33	<2.2		IV～V

（4）昆明院的方案中风化程度偏轻，模量偏低，波速值较可行。成都理工大学方案限定弱上风化松弛的裂面绿泥石化岩体，既可用在未开挖的河床表部，也可用于开挖后松弛岩体的评价。

根据上述分析，可以以成都理工大学关于裂面绿泥石化岩体的岩级划分方案为基础，按照可利用岩体标准，提出用于建基岩体等级的判定标准（表 2-18），是否合理、可行，将以坝基开挖后的大量实测资料予以确定和验证。

表 2-16　Ⅲ₁级代表性指标

主要指标	昆明院给出的量化指标	成都理工大学给出的量化指标
岩体风化程度	弱下-新鲜岩体	弱下-微风化
岩体结构	原位镶嵌碎裂	有轻度松弛的原位镶嵌碎裂结构
岩体波速/(m/s)	3500～4500	4200～5200
岩体变形模量/GPa	8～10	9.7～16
岩体抗剪断参数	$f = 1.15$，$c = 1.0$ MPa	$f = 1.05$，$c = 1.16$ MPa
岩体透水性指标	未给	0.8～1.70 Lu（吕荣）
所属岩级	Ⅲ_b	Ⅲ₁

表 2-17　相当于Ⅲ₂级岩体代表性指标

主要指标	昆明院给出的量化指标	成都理工大学给出的量化指标
岩体风化程度	弱下-新鲜岩体	弱上风化
岩体结构	原位碎裂结构	松弛的原位碎裂结构
岩体波速/(m/s)	3000～4000	2200～4200
岩体变形模量/GPa	4～6	2.2～9.7（平均 4.4）
岩体抗剪断参数	$f' = 0.95$，$c' = 0.7$ MPa	$f' = 0.73$，$c' = 0.69$ MPa
岩体透水性指标	未给	1.7～18 Lu
所属岩级	Ⅲ_c	Ⅲ₂

表 2-18　用于判定金安桥坝基裂面绿泥石化岩体质量等级的标准

分级		定性指标	主要量化指标						对应国际 GB 50287—2006 中的岩级
岩级	亚级		岩体结构类型	岩体纵波速度 V_p/(m/s)	岩体完整性系数 K_v	岩体透水性指标/Lu	岩体抗剪断 $\dfrac{f'_{dk}}{c'_{dk}}$/MPa	变形模量/GPa	
II		微风化-新鲜裂面绿泥石化岩体，岩石坚硬，裂面绿泥石化裂隙发育，间距 0.05~0.4 m，延伸性差，长度多小于 1 m，紧密闭合状，裂面为绿泥石黏结，具原生特征，岩体具似完整性，完整性系数高，有较高的抗变形能力和较高的强度参数，微透水性，可作为高混凝土坝地基	紧密原位镶嵌碎裂结构	5200~6000 平均>5500	>0.75	≤0.85	1.22 1.36	≥16	II
III	III₁	弱风化下带，微风化裂面绿泥石化岩体，岩石坚硬，裂面绿泥石化裂隙发育，间距 0.05~0.4 m，延伸性差，长度多小于 1 m，受河谷风化，应力场变化影响，但仍保持原位镶嵌碎裂的较紧密状态，有较好的抗变形能力和强度参数，弱透水性，做一定处理后的可作为高混凝土坝地基	较紧密的原位镶嵌碎裂结构	4200~5200 平均>4500	0.49~0.75 平均>0.55	0.85~1.70	1.03~1.22 平均 1.05 1.05~1.36 平均 1.16	9.7~16 平均>11.5	III₁
	III₂	弱上风化裂面绿泥石化岩体，或经过精细开挖仍有松池的裂面绿泥石化岩体，岩石坚硬，裂面绿泥石化裂隙发育，间距 0.05~0.3 m，延伸性影响的裂隙，部分裂隙张开，弱至中等透水性，岩石松池较明显，结构松池明显，弱至中等透水性，岩体抗变形能力明显降低，强度参数也降低，经专门处理后目指标达到要求的可作为高混凝土坝地基	松池的原位镶嵌碎裂结构	2200~4200 平均>3000	0.15~0.49 平均>0.25	1.70~18 平均 8.0	0.56~1.03 平均 0.73 0.33~1.05 平均 0.69	2.2~9.7 平均>4.4	III₂

2.5　坝基建基岩体力学参数复核

2.5.1　坝基开挖后裂面绿泥石化岩体变形模量现场检验

作为高混凝土重力坝的建基岩体必须具备高的变形模量,金安桥水电站坝基裂面绿泥石化岩体在开挖暴露以后是否还满足修建高混凝土重力坝的要求、建基面表层松弛带岩体和下部未松弛岩体的准确变形参数及松弛带岩体对整个建基岩体变形参数的削弱程度都需要通过大量的现场试验才能准确判定的。图 2-24 为大坝混凝土浇筑前坝基建基岩体所有变形试验点位布置图。大量的变形试验点基本覆盖了整个建基岩体,对河床坝段裂面绿泥石化岩体加大了变形试验点密度,如此大量的原位变形试验已能很好地揭示坝基裂面绿泥石化岩体变形模量的量值特征。

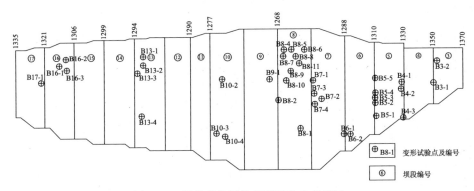

图 2-24　坝基建基岩体变形试验点布置图

在可研阶段对裂面绿泥石化岩体变形特性的研究中已经发现,该类岩体在原位状态下具有高波速、高模量、低渗透、易松弛的特点,并且在岩体松弛后会迅速且严重地丧失其原有的高波速、高模量的特性。然而在坝基的开挖过程中,松弛是建基岩体不可避免的,因此建基面表层的松弛岩体必然呈现出低波速、低模量的特性。原位镶嵌、碎裂结构的裂面绿泥石化岩体的变形特性之所以在松弛和原位状态下具有如此大的差异性,关键在于开挖之前裂面绿泥石化岩体所赋存的地质环境使之镶嵌紧密,而爆破开挖破坏了原有的赋存环境,使原本紧密的岩体发生松弛。随着混凝土重力坝的不断浇筑,建基岩体又重新受到来自大坝自重应力的压密作用,在一定程度上可以说建基裂面绿泥石化岩体原来的赋存环境得到了一定程度的恢复,那么松弛后的裂面绿泥石化岩体的变形参数是否也能得到一定的恢复呢?裂面绿泥石化岩体的变形参数与其所受应力之间又存在怎样的关系?这些问题直接关系到原位镶嵌、碎裂结构的裂面绿泥石化岩体作为高混凝土重力坝坝基的可靠性与未来大坝的安全性。要揭示裂面绿泥石化岩体变形参数、岩体纵波速、所受压应力三者之间的相互关系是普通的岩体变形试验无法办到的，为此，成都理工大学和昆明院专门开展了岩体变形-声波-应力同向试验，能在试验过程中全程记录岩体变形、声波随应力的变化关系。图 2-25 为该试验各仪器及测试孔布置图。表 2-19 即为坝基裂面绿泥石化岩体变形-声波-应力同向试验成果表。

图 2-25　岩体变形-声波-应力同向试验布置图

表 2-19　坝基裂面绿泥石化岩体变形-声波-应力同向试验成果表

坝段	试验点编号	岩性及岩体结构	试验应力/MPa	对应纵波速/(km/s)	变形模量/GPa
5	5-1	次块结构裂面绿泥石化玄武岩	0.00	3.39	
			1.11	3.584	5.4
			2.23	3.678	7.2
			3.34	3.763	7.7
			4.45	3.859	8.5
			5.56	3.96	10.7
	5-2	镶嵌结构裂面绿泥石化玄武岩	0.00	3.326	
			1.11	3.382	5.3
			2.23	3.53	7.9
			3.34	3.607	8.2
			4.45	3.72	10.1
			5.56	3.892	11.2

续表

坝段	试验点编号	岩性及岩体结构	试验应力/MPa	对应纵波速/(km/s)	变形模量/GPa
5	5-3	碎裂结构裂面绿泥石化玄武岩	0.00	2.911	
			1.11	3.026	3.8
			2.23	3.087	4.2
			3.34	3.24	4.9
			4.45	3.355	5.1
			5.56	3.46	5.6
	5-4	镶嵌结构裂面绿泥石化玄武岩	0.00	3.431	
			1.11	3.551	6.7
			2.23	3.671	8.1
			3.34	3.86	9.1
			4.45	3.938	9.6
			5.56	4.096	11.0
6	6-1	碎裂结构裂面绿泥石化玄武岩	0.00	2.3	
			0.53	2.344	1.8
			1.07	2.473	2.4
			2.14	2.654	4.2
			3.21	2.817	4.3
			4.17	2.997	4.9
	6-2	镶嵌结构裂面绿泥石化玄武岩	0.00	3.287	
			0.53	3.331	2.7
			1.07	3.484	5.7
			2.14	3.579	6.8
			3.21	3.709	6.9
			4.27	3.866	7.3
7	7-1	碎裂结构裂面绿泥石化玄武岩	0.00	2.72	
			1.07	2.857	0.6
			2.14	3	3.0
			3.21	3.13	3.5
			4.27	3.207	4.4
			5.34	3.373	4.9

续表

坝段	试验点编号	岩性及岩体结构	试验应力/MPa	对应纵波速/(km/s)	变形模量/GPa
7	7-2	镶嵌结构裂面绿泥石化玄武岩	0.00	3.975	
			1.07	4.067	2.9
			2.14	4.108	9.4
			3.21	4.254	10.8
			4.27	4.332	11.3
			5.34	4.455	12.5
	7-3	碎裂结构裂面绿泥石化玄武岩	0.00	2.755	
			1.07	2.83	3.5
			2.14	2.923	4.3
			3.21	3.03	5.1
			4.06	3.147	5.7
	7-4	碎裂结构裂面绿泥石化玄武岩	0.00	2.649	
			1.07	2.712	1.6
			2.14	2.893	2.5
			3.21	2.97	2.9
			4.06	3.078	3.5
8	8-1	次块结构裂面绿泥石化玄武岩	0.00	4.052	
			1.07	4.192	8.8
			2.14	4.259	9.5
			3.21	4.344	10.7
			4.27	4.41	12.9
			5.34	4.586	14.6
	8-2	碎裂结构裂面绿泥石化玄武岩	0.00	2.091	
			1.07	2.148	0.9
			2.14	2.301	1.3
			3.21	2.373	1.7
			4.06	2.466	1.9
	8-4	碎裂结构裂面绿泥石化玄武岩	0.00	2.479	
			1.07	2.566	1.5
			2.14	2.663	2
			3.21	2.727	2.5
			3.85	2.778	2.97

续表

坝段	试验点编号	岩性及岩体结构	试验应力 /MPa	对应纵波速/(km/s)	变形模量/GPa
	8-6	镶嵌结构裂面绿泥石化玄武岩	0.00	3.488	
			1.07	3.553	5.80
			2.14	3.659	7.20
			3.21	3.747	7.90
			3.85	3.808	8.38
	8-7	镶嵌结构裂面绿泥石化玄武岩	0.00	3.058	
			1.07	3.108	3.3
			2.14	3.274	4.4
			3.21	3.371	5.2
			4.27	3.483	6.1
			5.24	3.572	6.8
8	8-8	镶嵌结构裂面绿泥石化玄武岩	0.00	4.082	
			1.07	4.188	10.9
			2.14	4.247	12.1
			3.21	4.351	12.8
			4.27	4.404	13.7
			5.34	4.45	14.4
	8-9	碎裂结构裂面绿泥石化玄武岩	0.00	3.098	
			1.07	3.151	3.9
			2.14	3.275	4.4
			3.21	3.333	4.7
			4.27	3.472	5.5
			5.34	3.553	6.1
	8-11	镶嵌结构裂面绿泥石化玄武岩	0.00	3.147	
			1.07	3.219	4.2
			2.14	3.321	5.1
			3.21	3.453	5.8
			4.27	3.589	6.4
			5.34	3.702	7.6

续表

坝段	试验点编号	岩性及岩体结构	试验应力/MPa	对应纵波速/(km/s)	变形模量/GPa
9	9-1	镶嵌结构裂面绿泥石化玄武岩	0.00	3.643	
			1.07	3.759	5.9
			2.14	3.824	7.6
			3.21	3.908	8.5
			4.27	3.999	9.3
			5.34	4.1	10.3
10	10-2	次块结构裂面绿泥石化玄武岩	0.00	4.224	
			1.11	4.303	12.3
			2.23	4.474	12.7
			3.34	4.582	13.6
			4.45	4.653	15.0
			5.56	4.75	15.0
	10-3	镶嵌结构裂面绿泥石化玄武岩	0.00	3.87	
			1.11	3.996	7.4
			2.23	4.088	7.2
			3.34	4.176	8.2
			4.45	4.342	10.7
			5.56	4.448	12.5
	10-4	镶嵌结构裂面绿泥石化玄武岩	0.00	4.084	
			1.11	4.256	8.8
			2.23	4.318	11.1
			3.34	4.351	10.1
			4.45	4.442	10.1
			5.56	4.406	9.6

　　根据表中试验成果，绘制裂面绿泥石化岩体变形模量与岩体纵波速度的关系曲线见图 2-26。二者的相互关系式为

$$E_0 = 0.1673 V_p^{2.8459}, \qquad R^2 = 0.924\ 55 \tag{2-3}$$

式中，E_0 为裂面绿泥石化岩体变形模量，GPa；V_p 为裂面绿泥石化岩体纵波速度，km/s；R 为相关系数。

　　从图中可知，裂面绿泥石化岩体变形模量与纵波速度之间具有良好的对应关系，当岩体的纵波速度为 3500 m/s，其对应的变形模量在 6.0 GPa 左右。当岩

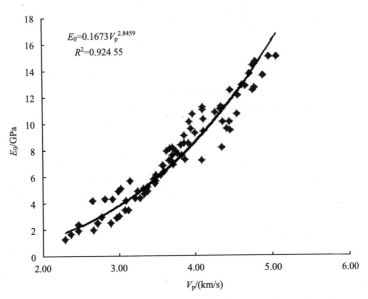

图 2-26　裂面绿泥石化岩体变形模量与岩体纵波速关系图

体纵波速为 4000 m/s 后，对应的变形模量在 9.0 GPa 左右。

表 2-19 中单个试验点各级应力与对应的岩体纵波速表明，裂面绿泥石化岩体的纵波速度随上部压应力的增加呈上升趋势，建立二者的相互关系（图 2-27）和最佳关系式：

$$V'_p = V_p + 0.1229\sigma \tag{2-4}$$

式中，V'_p 为每级压应力下的岩体纵波速度，km/s；V_p 为压应力为零时的岩体纵波速度，km/s；σ 为应力，MPa。

从岩体纵波速度与上部压应力的关系式可知，应力每升高 1 MPa，岩体纵波速平均升高 120 m/s 左右。所以当裂面绿泥石化岩体所受压应力为 5 MPa 时，其纵波速平均可升高 600 m/s。

伴随岩体纵波速度的升高，岩体在各级应力下的变形模量也相应升高。岩体变形曲线为典型的下凹型曲线，即岩体变形模量随应力呈上升趋势，这与裂面绿泥石化岩体块度小，试验过程中不断被压密相符合。所以岩体变形模量在不同的应力阶段每升高相同应力，其变形模量的增加量是不相等的，显然应力越高，岩体变形模量增加量越大。

通过对以上大量裂面绿泥石化岩体变形-声波-应力同向试验的成果分析可以总结出裂面绿泥石化岩体的变形具有以下特性：

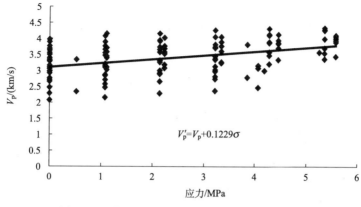

图 2-27　裂面绿泥石化岩体纵波速与应力关系图

（1）裂面绿泥石化岩体变形模量与岩体纵波速呈良好的正相关，岩体纵波速达到 4000 m/s 时对应的变形模量为 9 GPa。

（2）裂面绿泥石化岩体纵波速度与岩体所受压应力呈正相关，压力每升高 1 MPa，岩体纵波速升高 120 m/s 左右。

（3）裂面绿泥石化岩体应力-变形曲线为典型的上凹型曲线，岩体变形模量随应力增加呈上升趋势。

（4）原位镶嵌、碎裂结构岩体在轻微松弛的情况下，岩体纵波速与岩体应力关系清晰，原本很好或很差的岩体在应力升高过程中岩体的纵波速和模量变化规律性相对要差。

2.5.2　裂面绿泥石化岩体变形模量可靠性分析及取值

坝基裂面绿泥石化岩体的变形-声波-应力同位试验的结果表明，原位镶嵌、碎裂结构的裂面绿泥石化岩体在未松弛的情况下具有高波速、高模量的特点，在轻微松弛的情况下，岩体纵波速及变形模量随应力的增加都会相应提高。裂隙发育、块度小在部分玄武岩中，特别是柱状节理玄武岩中有较多实例，金安桥水电站下游的溪洛渡水电站坝基岩体同为玄武岩，图 2-28 为溪洛渡水电站坝基玄武岩变形模量与岩体纵波速关系曲线，图 2-29 为两个工程所有变形试验点变形模量与岩体纵波速曲线图。利用岩体变形模量与纵波速度的相互关系，比较两个工程中岩体在相同纵波速度下对应的变形模量见表 2-20。从表 2-20 可知：金安桥水电站裂面绿泥石化玄武岩相同纵波速下岩体的变形模量比溪洛渡水电站低 1 GPa 左右，与两个水电站共同拟合公式计算的变形模量相近。另外，根据白鹤滩、龙开口电站、溪落渡和金安桥四个电站坝址玄武岩的变形参数为基础的变形模量和波速公式，获得的模量也较金安桥的关系式获得的模量值高（表 2-20）。因此金安桥水电站坝基裂面绿泥石化岩体变形试验是可靠、可信的。

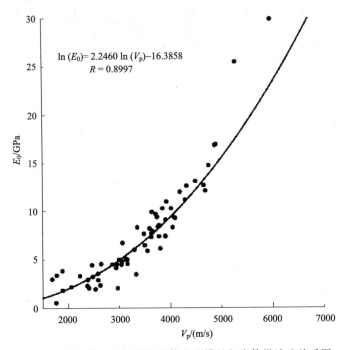

图 2-28　溪洛渡水电站坝基岩体变形模量与岩体纵波速关系图

表 2-20　金安桥、溪洛渡等水电站坝基岩体变形模量比较表

工程名称	波速/(km/s)	2.5	3.0	3.5	4.0	4.5	5.0
金安桥		2.27	3.81	5.90	8.62	12.05	16.27
溪洛渡		2.67	4.35	6.59	9.43	12.94	17.17
两个工程综合公式	变形模量/GPa	2.45	4.07	6.25	9.06	12.59	16.88
金安桥、溪洛渡、龙开口、白鹤滩 4 座电站玄武岩		2.49	4.13	6.35	9.2	12.77	17.12

按照前面对金安桥水电站坝基裂面绿泥石化岩体不同岩级纵波速度的划分标准就可以确定出各级岩体对应的变形模量值（表 2-21）。鉴于裂面绿泥石化岩体较正常玄武岩在块度、裂隙特性等方面的劣势，各岩级的变形模量取靠近范围值的低值，以保证留有足够的安全裕度。

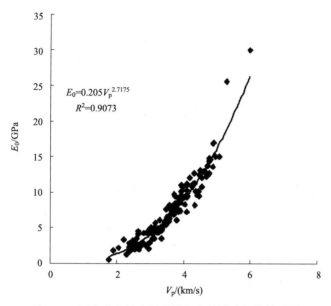

图 2-29　两个水电站变形模量与声波波速相关关系图

表 2-21　坝基裂面绿泥石化岩体不同岩级变形模量取值表

岩级	岩体纵波速范围/(km/s)	变形模量范围/GPa	变形模量取值/GPa
Ⅱ	＞5.2	＞18.19	16
Ⅲ₁	4.2～5.2	9.91～18.19	10.0
Ⅲ₂	2.2～4.2	1.58～9.91	5.0

2.5.3　裂面绿泥石化岩体承载力

　　河床坝段是坝高最高部位，也是未来应力最大的坝段，坝基岩体裂面绿泥石化以后的承载力可能受到一定程度的削弱，因此有必要对裂面绿泥石化岩体的承载力进行复核。在河床的 8#、9# 两个坝段分别开展了裂面绿泥石化岩体承载力试验，其中两个点岩体结构为原位镶嵌结构，另两个点为碎裂结构。表 2-22 为承载力试验中应力与对应累计变形量成果表，根据表中数据绘制承载力试验的应力-累计变形量曲线见图 2-30。限于试验千斤顶吨位，最大应力只能加到 5.35 MPa，从图 2-30 中可以看出，四个承载力试验点第一级荷载下的变形量最大，这是因为坝基表部松弛后的压密效应，第二级荷载后曲线呈直线状甚至反翘，没有出现变形点突然增大的拐点。因此坝基裂面绿泥石化岩体的承载力应该是大于 5.35 MPa，完全满足 160 m 高混凝土重力坝对建基面岩体承载力的要求。

表 2-22　裂面绿泥石化岩体承载力试验数据表

应力 /MPa	试验点号及累计变形量/mm			
	8-1	8-2	9-1	9-2
1.07	0.069	0.074	0.088	0.126
2.14	0.108	0.104	0.139	0.171
3.21	0.148	0.117	0.162	0.199
4.28	0.192	0.127	0.192	0.235
5.35	0.201	0.136	0.027	0.275
承载力/MPa	＞5.35	＞5.35	＞5.35	＞5.35

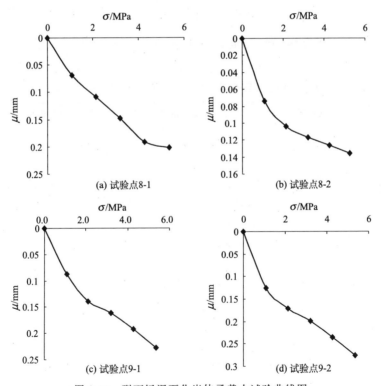

图 2-30　裂面绿泥石化岩体承载力试验曲线图

2.5.4　裂面绿泥石化岩体强度参数

坝基开挖后，建基面上很难再开展有效的各种剪切试验，因此对于坝基岩体的强度参数，可以从岩体变形模量的力学属性上着手。其波动方程为

$$E_{\mathrm{d}} = \frac{\rho V_{\mathrm{p}}^2 (1+\mu)(1-2\mu)}{1-\mu}, \qquad G = \rho V_{\mathrm{s}}^2 \qquad (2\text{-}5)$$

式中，E_{d} 为动弹性模量；μ 为泊松比；V_{p} 为纵波速度；V_{p} 为横波速度；G 为剪切模量。

由波动方程可知，岩体的动弹性模量和动剪切模量均与波速有关，反映介质变形特性的纵波（压缩波）与表征介质强度的剪切波（横波）间的关系可由理论方程解决。因此，介质有什么样的纵波速度，就有与此对应的横波速度，即材料有什么样的动弹性模量就有相应的剪切模量，而这种关系是理论上的关系，不是一般的相关关系。由于动弹性模量与动剪切模量在理论上有关系，因而岩体波速与岩体强度参数应存在对应关系建立的彼此的相关方程（图 2-31，图 2-32），的确具有上述关系。由此可以拓展岩体波速、岩体动弹性模量、岩体动剪切模量与岩体弹性模量、变形模量、岩体强度参数（c，f）间应有较好对应关系或相关性，虽然目前暂时不能从弹性理论上解决上述关系方程，但它们彼此之间的相关性或对应性是存在的。

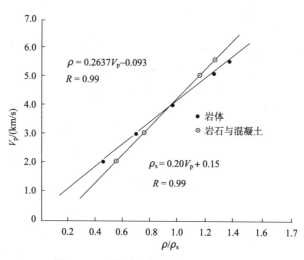

图 2-31　摩擦系数与纵波速度关系曲线

前已述及岩体变形模量与岩体纵波速度具有较好的对应性，因而以岩体纵波速为中介可以建立岩体变形模量与岩体强度参数的对应关系：

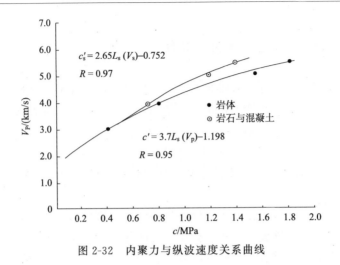

图 2-32　内聚力与纵波速度关系曲线

$$f' = 0.4 + 0.0826E - 0.0015E^2, \quad R_1 = 0.98, \quad R_2 = 0.99 \quad (2\text{-}6)$$
$$c' = 0.0136 + 0.158E - 0.0022E^2, \quad R_1 = 0.99, \quad R_2 = 0.997 \quad (2\text{-}7)$$

式中，f' 为岩体抗剪断摩擦系数；c' 为岩体抗剪断内聚力，MPa；E 为岩体变形模量，GPa；R_1、R_2 为相关系数。

可以用式（2-6）、式（2-7）对建基岩体的强度作初步评价。根据前面对裂面绿泥石化岩体各岩级的变形模量取值就可以计算得到对应岩级的强度参数（表2-23）。由表中结果可知，裂面绿泥石化坝基中的 III_1 和 II 级岩体具有高的强度参数，III_2 级岩体的强度参数相对低，但坝基岩体以 III_1 和 II 级为主，从表中还可以看出相近岩级的参数较二滩、溪洛渡电站坝址玄武岩的参数低，而相应的波速接近（略低），因此整个裂面绿泥石化坝段岩体的强度参数应该是很安全的。

表 2-23　裂面绿泥石化岩体力学参数及其他工程同时代玄武岩岩体力学参数

岩级	研究报告				昆明院可研报告				
	波速 /(m/s)	变形模量 /GPa	f'	c/MPa	对应 岩级	波速 /(m/s)	变形模量 /GPa	f'	c/MPa
II	5310	16	1.34	1.98	II	4500~5500	15	1.25	1.2
III_1	4380	10	1.08	1.37	III_B	3500~4500	8~10	1.1	0.9
III_2	3500	5	0.78	0.75	III_C	3000~4000	4~6	0.95	0.7
对应 岩级	二滩坝址玄武岩				溪洛渡坝址玄武岩				
	波速 /(m/s)	变形模量 /GPa	f'	c/MPa	对应 岩级	波速 /(m/s)	变形模量 /GPa	f'	c/MPa
B	5700	25	1.73	4.0	II	4800~5500	17~26	1.35	2.5
C_2	5100	10	1.2	2.0	III_1	4500~5200	11~16	1.22	2.2
D_2	4300	5~8	0.84	1.0	III_2	3500~4500	5~7	1.20	0.95

2.6　坝基裂面绿泥石化岩体处置措施效果分析

灌浆是处置坝基下部较差岩体、提高整个坝基岩体力学性能及提高整个坝基岩体均一性的常用措施之一，但其效果因岩性、岩体结构及开挖后岩体所处状态而异。通过对比灌浆前后岩体声波测试值可以检测灌浆的效果。以 9#、10# 坝段同时测有灌浆前后声波值的试验孔来分析裂面绿泥石化岩体的灌浆效果。图 2-33～图 2-38 为灌浆试验孔在灌浆前后的声波曲线图。

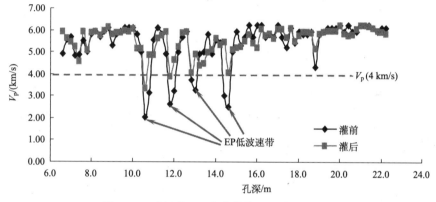

图 2-33　9# 坝段 9-5 孔灌浆前后纵波速对比图

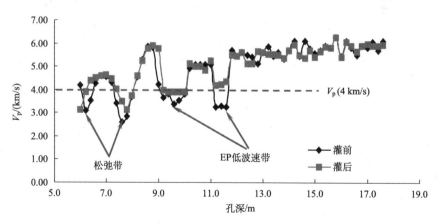

图 2-34　9# 坝段 9-9 孔灌浆前后纵波速对比图

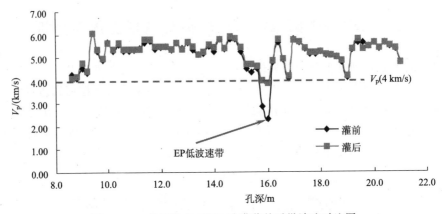

图 2-35　10$^{\#}$坝段 10-WT1 孔灌浆前后纵波速对比图

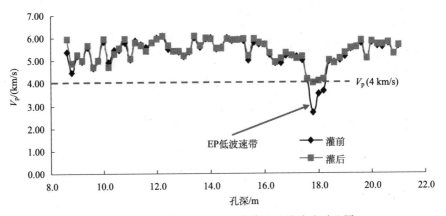

图 2-36　10$^{\#}$坝段 10-WT2 孔灌浆前后纵波速对比图

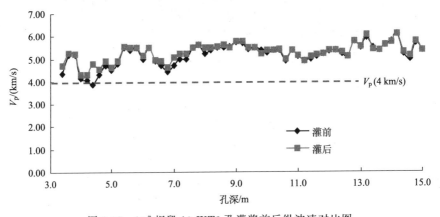

图 2-37　10$^{\#}$坝段 10-WT3 孔灌浆前后纵波速对比图

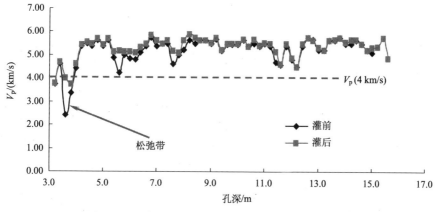

图 2-38　10#坝段 10-WT4 孔灌浆前后纵波速对比图

　　从以上测试孔在灌浆前后的声波曲线图可以看出：在整体上，灌浆后的声波曲线并没有与灌浆前的完全分开，而是相互交错；以 4 km/s 为一个波速界线值，在波速大于 4 km/s，灌浆前后两条声波曲线基本一致，互有高低；在波速小于 4 km/s，灌浆后的声波曲线明显高于灌浆之前。波速低于 4 km/s 波段可以分为两种类型：一是建基面表层的松弛岩体，如 9#坝段的 9-9 和 10#坝段的 10-WT4 试验孔的表部；二是建基面下部的低波速段则应该为 EP 错动带。因此将声波资料按 4 km/s 为界线分两部分评价才能正确评价灌浆对裂面绿泥石化岩体的效果。表 2-24 为河床坝段裂面绿泥石化岩体灌浆前后波速的统计结果表。

表 2-24　河床坝段裂面绿泥石化岩体灌浆效果统计表

孔号	<4.0 km/s			>4.0 km/s		
	灌前平均波速/(km/s)	灌后平均波速/(km/s)	提高率/%	灌前平均波速/(km/s)	灌后平均波速/(km/s)	提高率/%
9-5	2.94	4.43	52.69	5.72	5.69	−0.25
9-9	3.38	3.94	17.36	5.43	5.47	0.54
10-WT1	3.3	4.1	26.20	5.43	5.49	1.07
10-WT2	3.08	4.02	36.79	5.24	5.30	1.16
10-WT3	3.99	4.54	14.04	5.23	5.29	1.66
10-WT4	3.19	3.85	16.17	5.29	5.42	2.61
平均值	3.31	4.14	27.2	5.39	5.44	1.13

　　表 2-24 中的统计结果显示：低于 4 km/s 的低波速段灌浆后声波的提高率都在 15% 以上，最高可到 50%。灌浆后的低波速段岩体波速在 4 km/s 左右。波速

大于 4 km/s 的高波速段的提高率仅有 10-WT4 稍高，接近 3％，其余孔提高率皆在 2％以下。对于平均波速大于 5 km/s 的高波速段灌浆后提高率在 3％以下，意味着灌浆后的平均波速提高最多的还不足 150 m/s，如此小幅的增加可以认为是试验系统误差或判读标准的差异所致。因此对河床裂面绿泥石化岩体坝段的灌浆效果分析可以得出以下结论：

（1）灌浆对于微新的未松弛的原位镶嵌、碎裂结构的裂面绿泥石化岩体的岩体纵波速度没有提高。

（2）对于坝基表层的松弛带和下部的 EP 错动带，灌浆后波速明显提高，平均提高率在 25％左右。灌浆后这两个低波速带岩体纵波速度的升高使得坝基岩体的均一性得到了一定程度的提高。但因松弛带和 EP 波速相对新鲜的裂面绿泥石化岩体的波速低得多，故灌浆提高后的波速仍然要比未松弛带低很多。

（3）微新的未松弛裂面绿泥石化岩体具有块度小、嵌合紧密、岩块模量高的特点，因此灌浆压力不足时，水泥浆液不能进入嵌合紧密的裂隙当中；当灌浆压力足够大时，水泥浆会挤开原本紧密的裂隙，在高模量的玄武岩块之间形成一层很薄的水泥膜，而水泥膜的模量低于玄武岩块的模量，因此灌浆之后模量不能得到提高。

（4）建基面表层松弛带岩体因裂隙已经张开，因此在张开无充填的裂隙中灌入水泥浆显然是能提高岩体变形模量的。同样 EP 错动带一般是充填碎石、岩屑、泥质物或者无充填，所以 EP 错动带在灌浆后波速能得到明显提高。

由此可见，灌浆对整个河床的微新未风化裂面绿泥石化坝基岩体的整体性能并没有实质性的提高，即预计后期的灌浆来提高坝基裂面绿泥石化岩体的整体性能是办不到的。因此对原位镶嵌、碎裂结构的裂面绿泥石化岩体的处置措施的重点不是开挖后的灌浆而是开挖过程中的保护。建议对裂面绿泥石化岩体的处置措施如下：

（1）严格控制在建基面附近进行大规模的强烈爆破，避免对建基岩体造成强烈冲击而发生解体破坏。

（2）采用光面爆破也应该控制爆破的强度，河床坝段采用手风钻打孔，逐层剥离至建基面的开挖方式能有效控制爆破松弛的厚度。

（3）对光面爆破后残留松动岩块宜采用挖掘机或人工撬挖，清水冲洗形成平整的、紧密的建基岩体。

（4）后期宜利用低压灌浆对建基面表部强松弛岩体和下部 EP 错动带进行处理。

（5）在建基面下部没有 EP 错动带或其他弱面，在开挖合理、保护充分的情况下，只需要对建基面表部做灌浆处理，对深部岩体可以不做灌浆。

对原位镶嵌、碎裂结构的裂面绿泥石化岩体的处置措施，应重在开挖保护，配合灌浆处理松弛带、弱面。此种方法在金安桥坝基取得了良好的效果，这不仅对今后类似建基岩体的开挖具有重大的理论和实际借鉴意义，而且具有巨大的经济利益。

2.7　坝基裂面绿泥石化岩体
作为高混凝土重力坝建基岩体评价

通过对金安桥水电站坝基裂面绿泥石化岩体在基坑开挖后的全面研究，可以得到以下重要认识：

（1）金安桥水电站坝基裂面绿泥石化岩体是一类具有"原位镶嵌碎裂结构"的新的结构类型岩体，该类岩体具有块度小，岩块嵌合十分紧密，纵波速度达到同类岩石Ⅲ$_1$、Ⅱ级岩体的波速，透水性微弱，变形模量达到同量值波速玄武岩体的模量值，是一类可以利用的岩体。

（2）通过大量的现场试验，和与其他大型已建工程坝基岩体质量指标的对比，众多的、令人信服的资料证明具有原位镶嵌碎裂结构的岩体可以作为高混凝土重力坝的建基岩体。

（3）通过新开发的变形模量试验装置和应力-波速-模量同向试验技术，较为精准地建立了波速与变形模量的关系式，通过对比、检验，证明有高的可信度和可靠性，为全面评价金安桥坝基裂面绿泥石化岩体的变形参数、岩级、可利用性提供了新的方法和评价依据。

（4）通过现场检验，坝基裂面绿泥石化岩体的各项工程特性指标与可研阶段的预测、评价指标非常接近，证实了可研阶段的结论——利用裂面绿泥石化岩体的合理性、可行性。这一重大的进展，对今后我国西部众多大型电站坝基可利用岩体的评价具有重大的理论意义、工程意义和巨大的经济价值。

（5）研究资料表明，金安桥坝基开挖中对裂面绿泥石化岩体所采用的光面、小药量爆破，手风钻小孔找平，挖掘机撬挖、人工撬挖的系统开挖等措施，是防止裂面绿泥石化岩体-碎裂结构岩体过度松弛的重要措施，值得推荐到类似工程。

（6）通过计算分析，水库蓄水后大坝变形量应在数厘米左右，坝基岩体在正常工况下有高的安全系数，$K > 3$，地震工况下（地震加速度峰值 0.3995 g）安全系数 $K > 1.4$。

第3章 高碾压混凝土重力坝工程抗震措施方案

3.1 高碾压混凝土重力坝坝体分缝分块方案

3.1.1 碾压混凝土坝一般分缝分块方案

在碾压混凝土重力坝的发展过程中，初期人们倾向大间距的横缝或诱导缝，一般间距在 30～80 m，少数已超过 90 m，目的主要是强调仓面大，方便平仓及碾压设备施工，以加快施工进度。通过 20 多年的工程实践经验，碾压混凝土重力坝的上、下游方向会不同程度地出现贯穿裂缝，上游坝面还会出现劈头裂缝，裂缝的间距一般为 20～30 m。据此将碾压混凝土重力坝的横缝或诱导缝间距缩小到 30 m 左右，工程实践中一些工程仍会出现裂缝。碾压混凝土重力坝一般认为属平面受力结构，将横缝设计成诱导缝，分层碾压分层切缝。大朝山等工程的诱导缝宽度达 2～4 cm，缝内回填粉细沙，此种缝可视为相邻坝块完全脱开，各坝段独立工作。横缝间距较大时碾压混凝土重力坝的上、下游方向会不同程度地出现贯穿裂缝，或上游坝面受库水冷击还会出现劈头裂缝。按目前碾压混凝土坝横缝设计的趋势，基本倾向横缝间距与常态混凝土坝一致，已建的大朝山工程及在建的龙滩、景洪等工程均将碾压混凝土坝的横缝或诱导缝间距降到 20 m 左右。

3.1.2 金安桥大坝坝体分缝分块方案

从大坝抗震和坝基侧向抗滑稳定要求出发，希望横缝间距越大越好，以提高整体性；从坝体混凝土温控防裂要求出发，横缝间距不宜太大，否则易产生温度裂缝。为解决这一矛盾，在金安桥碾压混凝土重力坝的分缝分块方面做了一些尝试。该工程碾压混凝土重力坝的坝顶高程 1424.00 m，建基面最低高程 1264.00 m，最大坝高 160 m，坝顶长度 640 m。大坝由左右两岸非溢流坝、右岸溢洪道、右岸泄洪冲沙双底孔、左岸冲沙底孔、河中厂房坝段等组成，共分 21 个坝段，横缝或诱导缝的间距除少数坝段外，一般为 30 m 左右（厂房坝段为 34 m），为避免上游坝面出现劈头裂缝，在各坝段上游坝面的中心线处设置一条 3～5 m 深的垂直短缝，见图 3-1 和图 3-2。在坝体混凝土温度应力场计算中，上游面考虑垂直短缝对降低拉应力的效果较为明显；从大坝抗震和坝体侧向抗滑稳

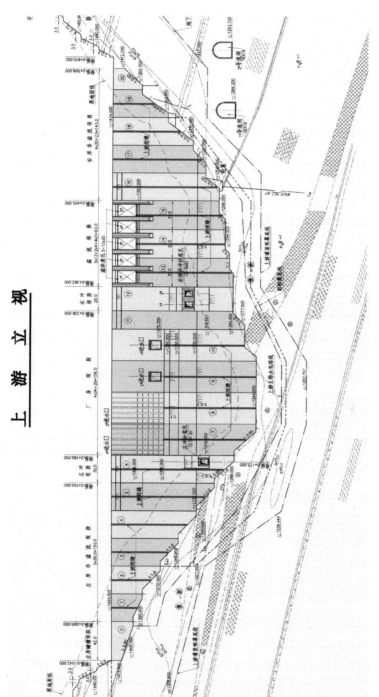

图 3-1　大坝横缝及短缝布置图

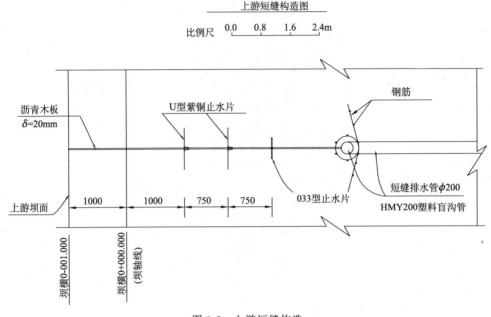

图 3-2　上游短缝构造

定方面考虑，上游面设置垂直短缝可大大提高坝体的整体受力性能。在坝体混凝土温度应力场计算中，考虑垂直短缝效果较为明显，在水工设计中除对短缝需设置止水措施外，对大坝结构计算可以不考虑垂直短缝的影响。

3.2　高碾压混凝土重力坝坝体间断式横缝设置方案

3.2.1　碾压混凝土坝横缝设计

常态混凝土坝的纵、横缝均设有键槽并进行专门的接缝灌浆，分缝对大坝的整体受力性能影响较小。对于碾压混凝土拱坝要求大坝具有整体受力性能，为此也要求设置横缝并进行专门的接缝灌浆，甚至还进行二次接缝灌浆。碾压混凝土重力坝一般视为平面受力结构，从施工角度出发，仓面大将便于大型碾压设备及平仓设备的操作，因此，将横缝设计成诱导缝，分层碾压分层切缝。

3.2.2　金安桥大坝横缝的创新性设计方案

金安桥水电站大坝的坝基岩体顺层分布有缓倾角绿帘石、石英脉错动面（EP），对左岸部分坝段的坝基抗滑稳定有影响。考虑三向地震荷载并与静力组合时，大坝存在侧向稳定问题，为了提高大坝的侧向整体性，兼顾碾压混凝土坝的温控要求，在满足混凝土温控要求的前提下，最大限度地增加大坝的整体性。在大坝施工设计中，对坝体每一碾压浇筑层，横缝的切缝深度仅切穿 2/3 浇筑层厚度（浇筑层厚约 30 cm），在顺水流方向切穿 2/3 的长度，即约有 56%的诱导

(a) 大坝的横缝施工图

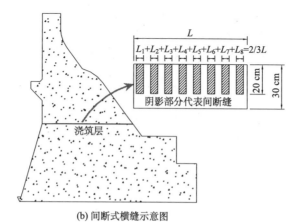

(b) 间断式横缝示意图

图 3-3　大坝间断式横缝施工

缝面积仍保持混凝土连接。在切缝中填充无纺布，使横缝具有弱连接诱导缝的性质，以达到既能满足温控要求，又可增强大坝整体性的目的。在充分调研国内外现有碾压混凝土重力坝横缝设计研究基础上，结合金安桥大坝的具体情况，共设计了 20 条横缝，横缝间距略大于规范要求的间距，但对坝段长度大于 30 m 时在上游坝面设置了 4 m 深的短缝。图 3-3 示意了大坝的横缝布置和实施方式，采取这种措施后，既避免了温度裂缝，又提高了施工进度。实际施工表明，采取该横缝方式后，大坝浇筑层面及内部基本未发现有害裂缝，取得了很好的效果。

3.3　碾压混凝土重力坝抗震钢筋设计与配置方案

地震是混凝土坝破坏的主要致灾因素，强震区混凝土坝抗震加固措施研究已逐渐引起研究者的重视。目前在研究混凝土坝抗震加固措施方面，国外学者建议采用横缝插筋、坝面钢筋网和水平连续式钢筋加固带等措施，现已建成的新丰江等重力坝，对坝体进行了配置抗震钢筋的加固措施，该坝在实际遭遇其设防地震后，目前仍然运行良好，这说明混凝土重力坝的抗震配筋加固方案是可行的。然而，对于碾压混凝土重力坝抗震钢筋的设计与配置仍然无统一的规范可循，坝体如果多配筋则安全，但投资会大大增加，如果少配筋会减少投资，但安全得不到保障。本部分基于金安桥碾压混凝土重力坝工程，提出碾压混凝土重力坝抗震钢筋设计与配置方案，可供类似工程借鉴参考。

3.3.1　抗震钢筋配置原则

配筋原则：坝踵附近开裂深度要小于上游帷幕至坝踵的距离，折坡处的开裂深度不影响大坝的局部稳定性作为配筋控制标准。

如果直接按《水工混凝土结构设计规范》（SL/T 191—1996）中非杆件体系钢筋混凝土结构配筋计算原则确定钢筋量，则有

$$T \leqslant \frac{(0.6T_c + f_y A_s)}{\gamma_d} \qquad (3\text{-}1)$$

式中，T 为由荷载设计值确定的弹性总拉力（按静荷载 + 0.35 × 规范谱（动力法）确定）；T_c 为动力法计算出的混凝土承担的拉力，$T_c = A_{ct} b$，其中，A_{ct} 为截面主拉应力小于混凝土动态抗拉强度的合力；b 为计算截面厚度；f_y 为钢筋动态设计强度。

根据《混凝土重力坝设计规范》（DL 5108—1999），结构系数 $\gamma_d = 1.2$。混凝土承担的最大拉力按总拉力的 30% 取用，即 $T_c = 0.3T$，代入式（3-1）右边，则有

$$1.02T \leqslant A_s f_y \tag{3-2}$$

例如，坝踵处：距离坝踵 5.0 m 处的主拉应力值为 3.50 MPa。若按式(3-2)计算配筋用量为 10 656.72 mm²，需直径为 28 mm 的二级钢筋 18 根（单位宽度 1 m）。

下游折坡处：距离下游折坡点 2.1 m 处的主拉应力值为 3.00 MPa。若按式(3-2)计算配筋用量为 9134.33 mm²，需直径为 28 mm 的二级钢筋 15 根（单位宽度 1 m）。

显然，完全采用水工混凝土设计规范的非杆件配筋方法计算出的钢筋量是惊人的大，需这么多的钢筋显然是不合理的，也是没必要的。经过分析认为：大坝角缘（折坡）附近的应力是应力集中引起的，实际情况（现场测试结果）表明角缘部分的应力远小于线弹性计算结果值，计算得出的高应力与模型假定坝踵附近或折坡部位的岩石和混凝土均为理想的弹性体有关，实际上岩体或混凝土均有一定量微小的裂隙存在，一旦有裂隙存在，拉应力就会得到释放，真实情况不会有那么大的拉应力存在，因此完全依据角缘的线弹性应力进行配筋是不合适的。

3.3.2　金安桥大坝抗震钢筋布置方案

选择适当远离角缘的线弹性应力结果进行配筋计算，仍以坝踵附近为例，高程为 1269.50 m（偏离角缘 5 m 左右）处的弹性应力，从上游向下游取 2 m 的范围。取宽度为 1.0 m 的坝体截面分析，该处混凝土为碾压混凝土 C$_{90}$20，最大拉应力 0.74 MPa，动态抗拉强度为 $f_c = 2.45$ MPa，结构系数 $\gamma_d = 1.2$，钢筋设计强度按二级钢筋考虑，$f_y = 335$ MPa。按式（3-2），计算出的钢筋量为 $A_s = 2237.91$ mm²，选用直径为 28 mm 的二级钢筋 4 根，间距为 200 mm（考虑了方便施工）。各典型坝段抗震钢筋布置图如图 3-4 所示。

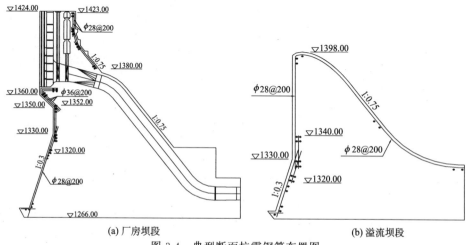

(a) 厂房坝段　　　　　　　　　　　(b) 溢流坝段

图 3-4　典型断面抗震钢筋布置图

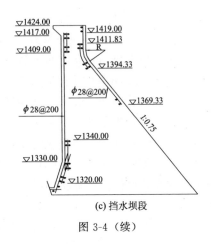

(c) 挡水坝段

图 3-4（续）

3.4　大坝抗震测试设计方案

为监测大坝在可能遭遇的强震作用下的工作性态，金安桥碾压混凝土重力坝布置大坝强震监测台阵，同时，在坝身布置裂缝计和钢筋计，动态监测坝身地震响应，结合微震台网的监测资料，以监测天然地震和水库诱发地震对大坝的影响，分析大坝的地震响应特性。

3.4.1　强震监测

在 4#、6#、8#、14#、17# 坝段坝顶和左右岸灌浆洞内各布置 1 个强震监测点，在 8#、14# 坝段 EL.1359 m 廊道各布置一个强震监测点，在 6#、8#、14#、17# 坝段基础灌浆排水廊道各布置一个强震监测点，组成一个大坝强震监测台阵。为了获得自由场地的地震动特征，在坝轴线下游水准基点平洞内靠近洞口布置 1 台强震仪。共计布置 14 个强震监测点。

3.4.2　坝身地震响应动态监测

坝体抗震监测包括抗震钢筋应力监测和混凝土裂缝监测。在 6# 坝段桩号坝纵 0+158.0 m、坝纵 0+173.0 m 布置两个监测断面，各断面坝体上游面抗震钢筋 EL.1415 m 处布置差阻式钢筋计、裂缝计，EL.1418 m 处布置光纤光栅式钢筋计、裂缝计，共计 3 支差阻式钢筋计、2 支差阻式裂缝计、3 支光纤光栅式钢筋计、2 支光纤光栅式裂缝计，监测抗震钢筋应力和混凝土裂缝。在 8# 坝段桩号坝纵 0+222.0 m、坝纵 0+240.0 m 布置两个监测断面，各断面坝体上游面抗震钢筋 EL.1447 m 处布置差阻式钢筋计、裂缝计，EL.1450 m 处布置光纤光栅式钢筋计、裂缝计，共计 3 支差阻式钢筋计、2 支差阻式裂缝计、3 支光纤光栅式钢筋计、2 支光纤光栅式裂缝计，监测抗震钢筋应力和混凝土裂缝。坝体抗震监测布置见表 3-1。

表 3-1　坝体抗震监测布置表

位置	仪器类型	监测项目
6# 坝段	裂缝计	混凝土裂缝
	光纤光栅式裂缝计	混凝土裂缝
	钢筋计	抗震钢筋应力
	光纤光栅式钢筋计	抗震钢筋应力
8# 坝段	裂缝计	混凝土裂缝
	光纤光栅式裂缝计	混凝土裂缝
	钢筋计	抗震钢筋应力
	光纤光栅式钢筋计	抗震钢筋应力

第4章 高碾压混凝土重力坝抗震分析理论模型

4.1 碾压混凝土重力坝横缝设计及其
对大坝地震响应的影响

碾压混凝土重力坝的横缝通常采用切缝机切割、设置诱导孔或预置隔缝板等方法形成，对于切割形成的横缝，并不是在横缝设计位置把坝体完全切通，而是按照一定的切割方式切割横缝处大坝横剖面的部分区域，使之达到设计的横缝成缝面积率，余下的未切割区域可能在荷载作用下自行开裂。因此，对于切割式横缝碾压混凝土重力坝，从某种程度上来讲，大坝近似为一个整体。但是，在大坝的整个建设与运行期中，切割式横缝都有可能开裂。尤其当大坝遭遇强震作用时，切割式横缝可能完全开裂，一旦横缝完全开裂，大坝就以单个坝段的方式失稳，但如果切割式横缝只是部分开裂，那么大坝就可能以坝段群的方式失稳。换句话说，切割式横缝开裂程度不同，大坝的抗震安全性就可能有所不同。

4.1.1 横缝的动接触模型研制

在地震荷载作用下，横缝两侧表现出张开、闭合以及滑移的动力特性，这类问题属于典型的接触非线性问题。数值计算要求缝两侧必须满足接触位移和接触力边界条件，即在法向需要满足互不嵌入的条件，且法向接触力必须为压力，而沿切向的可能接触力条件取决于采用的摩擦力模型，采用经典的 Mohr-Coulomb 定律，动摩擦系数取为 0.6，基于 ABAQUS 平台及其二次开发功能开发了能模拟横缝在地震荷载下张开、闭合以及滑移等非线性效应的动接触本构模型（图 4-1）。

计算采用的动接触模型的本构关系为

$$\begin{cases} p = 0, & h \leqslant -c \\ p = \dfrac{p_0}{e-1}\left[\left(\dfrac{h}{c}+1\right)\left(e^{\frac{h}{c}+1}-1\right)\right], & h > -c \end{cases} \tag{4-1}$$

式中，c 为初始接触间距；h 为接触面之间的相对位移（以嵌入为正）；p 为接触点对上的接触压力；p_0 为特征接触力。

当 $h \leqslant -c$ 时，接触面处于张开状态，接触压力 $p=0$；当 $h > -c$ 时，接触压力 p 和接触面相对位移 h 呈指数型关系增大。合理选取 c 为一微量，并保证

p_0 值足够大，可实现模拟横缝两侧在张开状态无相互作用，并在缝面闭合时使缝的挤压力学特性可以光滑过渡，当控制接触面间的嵌入深度为一可接受的微量时，这种模型在横缝模拟时的收敛性很好，而且精度也较高。计算模型中，c 和 p_0 取值分别为 0.005 mm 和 50 GPa。为了精确模拟接触边界上滑移和黏结状态，求解接触问题时采用 Lagrange 乘子法。

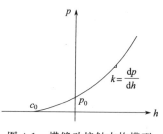

图 4-1　横缝动接触本构模型

4.1.2　考虑横缝的有限元数值模型

由于有限元计算网格不可能严格地按照设计切割方式模拟横缝，采用对每条横缝的成缝面积进行等效，通过定义接触点对来考虑成缝面积。实际金安桥大坝有 20 条横缝，但由于动接触算法的复杂性和模拟工作量，只模拟了 10 条横缝。为了便于比较，还对整体模型（无缝）、3 条贯穿性横缝、10 条贯穿性横缝等情况进行了比较。具体仿真模拟方案如下：①模型 1：不考虑横缝影响的整体模型，模型具体信息见表 4-1、图 4-2；②模型 2：考虑横缝影响的整体模型，初步模拟了 3 条横缝，横缝的位置见图 4-3，在模型 1 基础上各坝段接触面增加了 364 对接触单元；③模型 3：由于有限元模型的复杂性，计算网格不可能严格地按照设计切割方式模拟横缝，采用的方法是在模型 2 的基础上对每条横缝的成缝面积进行等效，共设有 240 对接触单元；④模型 4：在模型 2 的基础上增加了 7 条横缝，共模拟了 10 条横缝，设有 1028 对接触单元，横缝的位置见图 4-3；⑤模型 5：在模型 4 的基础上对每条横缝的成缝面积进行等效，共设有 656 对接触单元。

表 4-1　整体大坝三维有限元计算模型信息表

坝段		单元数		结点数
		实体单元	附加质量单元	
整体大坝	坝体部分	6295	1035	8228
	基础部分	17 784	0	19 767
	总和	24 079	1035	27 995

大坝三维计算模型中，考虑了对大坝整体安全性影响较大的 t_{1a}、t_{1b} 等凝灰岩夹层，以及位于河床坝段下部的裂面绿泥石化岩体，并对各类岩层进行了符合实际的模拟。坝体和基础均采用三维八结点等参单元，迎水坝面上的动水压力采

用附加质量单元来模拟。其中 x 向沿坝纵向（正向由左岸到右岸）、y 向为顺河向（正向由上游到下游）、z 向为竖直向。坝体-地基系统网格剖分如图 4-2 所示，模拟横缝的位置及编号如图 4-3 所示。

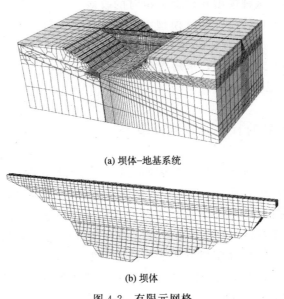

(a) 坝体-地基系统

(b) 坝体

图 4-2　有限元网格

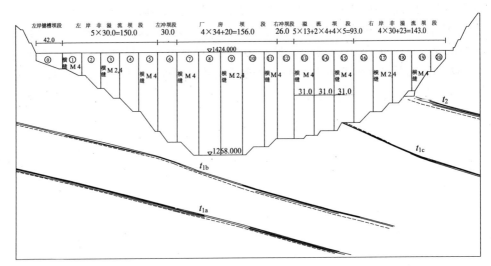

图 4-3　横缝模拟布置图

M4 表示模型 4 中考虑的横缝；M2,4 表示模型 2 和模型 4 中考虑的横缝

按现行规范，施加的荷载有坝体自重、静水压力、淤沙压力、扬压力、动水压力、地震荷载，坝体上游正常蓄水位高程 1418.000 m，下游水位高程 1293.889 m，迎水面的动水压力按附加质量法近似模拟，单位面积附加质量近似为 Westergaard 关于直立坝面的解，即

$$P_w(h) = \frac{7}{8} a_h \rho_w \sqrt{H_0 h} \tag{4-2}$$

式中，a_h 为水平向设计地震加速度代表值；ρ_w 为水体质量密度标准值；H_0 为坝前水深；h 为计算点距水面深度。

金安桥碾压混凝土重力坝为 1 级建筑物，地震设防烈度为 9 度，取基准期 100 年内超越概率 P_{100} 为 0.02 的基岩峰值水平加速度进行计算。顺河向加速度 $a_h (P_{100}=0.02)=0.3995 g$；竖直向加速度 $a_v (P_{100}=0.02)=0.266 g$（取为水平加速度的 2/3）；横河向加速度 $a_h (P_{100}=0.02)=0.3995 g$，采用自编程序合成人工地震波加速度时程，总时间为 20 s，时间步长为 0.02 s，采用迭代法使计算反应谱逼近规范反应谱，误差控制在 5% 以内，如图 4-4 所示。

4.1.3　计算结果及分析

$8^\#$、$9^\#$ 坝段坝顶顺河向位移时程如图 4-5 所示，$9^\#$ 坝段坝踵第一主应力时程如图 4-6 所示，$8^\#$、$9^\#$、$10^\#$ 坝段坝顶横河向位移时程如图 4-7 所示。各模型中，坝体特征点顺河向位移及主应力峰值如表 4-2 所示，横河向位移峰值如表 4-3 所示。各横缝坝顶结点法向开度、径向滑移时程曲线如图 4-8、图 4-9 所示。各模型中，横缝法向最大开度、切向最大滑移如表 4-4、表 4-5 所示。

可以看出，考虑为完全贯穿横缝时，重力坝的整体性削弱，整体刚度降低，使坝体的动响应增大，表 4-2、表 4-3 的结果体现出了这样的规律性，$8^\#$ 坝段坝顶的最大顺河向位移增大了 21.9%～26.1%，$9^\#$ 坝段坝顶的最大顺河向位移增大了 11.4%～13.3%；按实际的切割式横缝等效处理后，$8^\#$ 坝段坝顶的最大顺河向位移增大了 6.0%～12.8%，$9^\#$ 坝段坝顶的最大顺河向位移增大了 3.9%～9.1%，坝踵处最大拉应力略有增大，但增加的幅度不大。考虑了坝体横缝（诱导缝）及切缝处理后，坝体的横河向位移略有增大，其中完全贯穿横缝方案增大得更明显。

在上述四种横缝模拟方案中，横缝（诱导缝）的法向最大开度由两侧横缝（靠边坡）向中间横缝减小，最大开度出现在左缝，最大值为 2.95 cm，中缝的开度较小，最大值约 0.5 cm；横缝（诱导缝）的切向最大滑移也是由两岸横缝向中间横缝减小，最大滑移出现在右缝，最大值为 7.83 cm，中缝的滑移量相对较小。

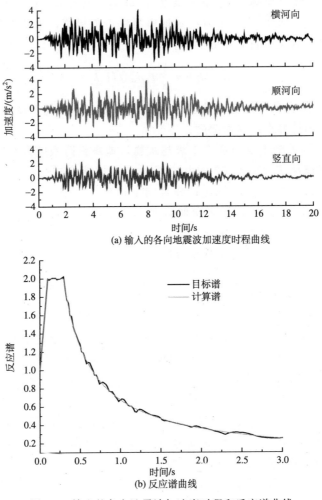

图 4-4　输入的各向地震波加速度时程和反应谱曲线

　　综上所述，金安桥碾压混凝土重力坝的切割式横缝对整体大坝的抗震安全性影响较大，设计采用的切割横缝方案（在深度方向切穿 2/3 层厚，在顺水流方向切穿 2/3 的长度，约有 56% 的诱导缝面积保持混凝土连接）能考虑各坝段间连接作用，有提高整体大坝抗震性能的潜力，而考虑为完全贯穿横缝时，削弱了大坝的整体性，增大了坝体的动力响应，对抗震不利。

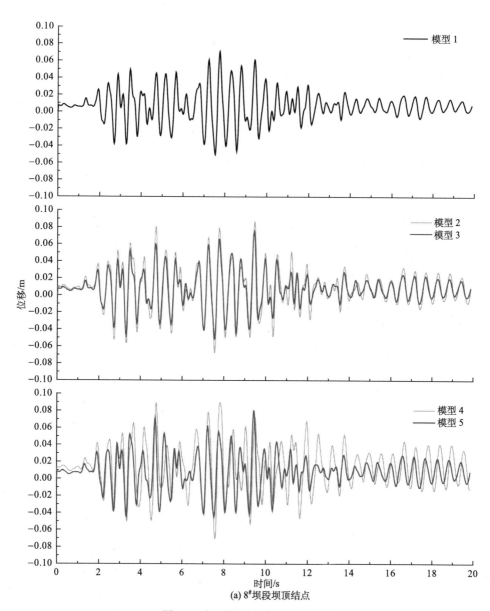

(a) 8#坝段坝顶结点

图 4-5　坝顶顺河向位移时程曲线

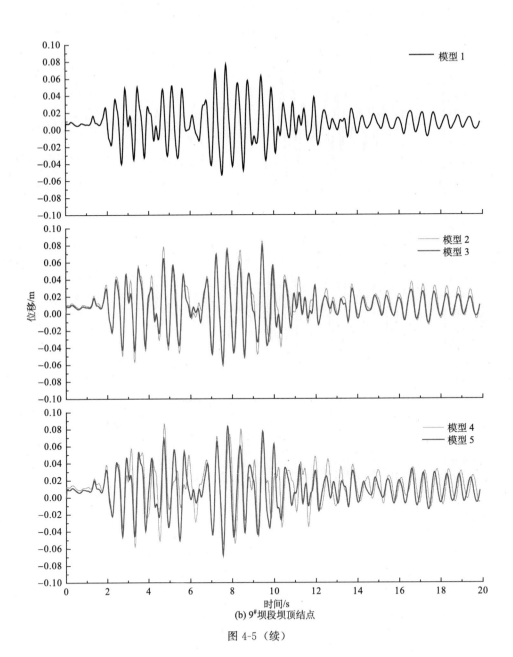

(b) 9#坝段坝顶结点

图 4-5（续）

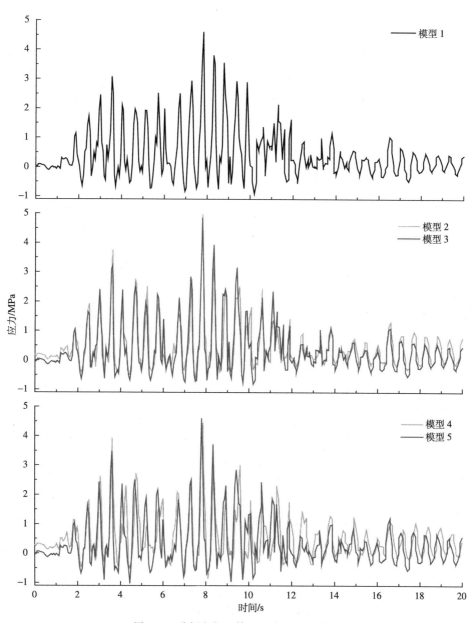

图 4-6　9# 坝段坝踵第一主应力时程曲线

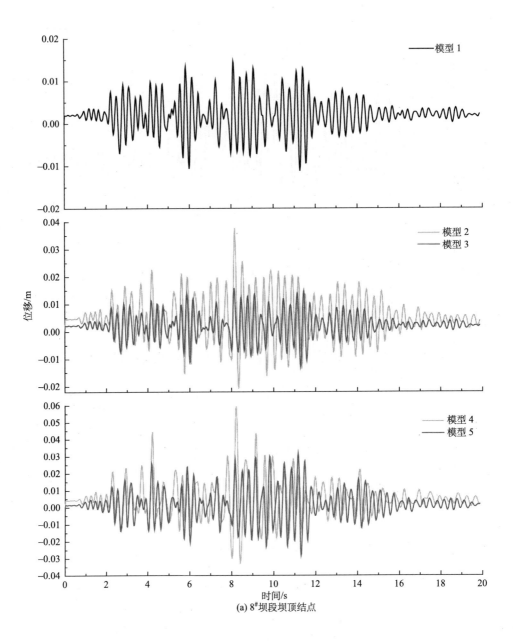

(a) 8#坝段坝顶结点

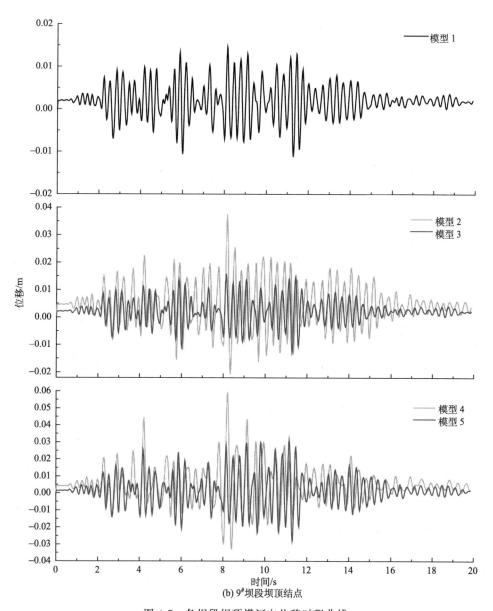

(b) 9#坝段坝顶结点

图 4-7 各坝段坝顶横河向位移时程曲线

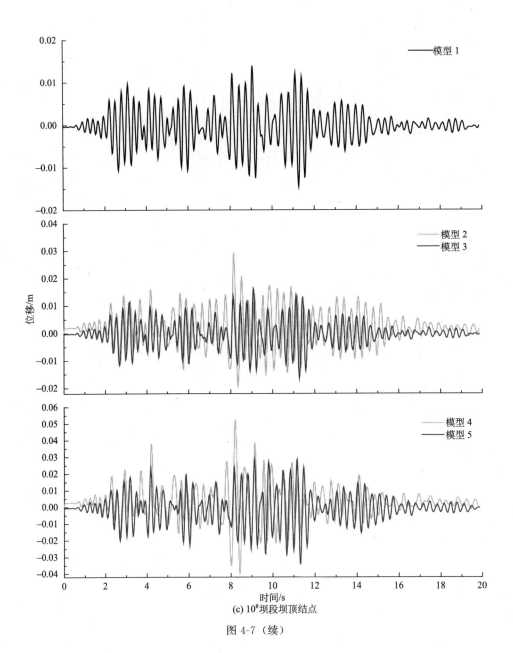

(c) 10#坝段坝顶结点

图 4-7（续）

表 4-2　坝体特征点顺河向位移及应力峰值

横缝计算模型	8# 坝顶/cm	9# 坝顶/cm	9# 坝踵应力/MPa
模型 1	7.12	7.66	4.60
模型 2	8.68	8.54	4.98
模型 3	7.55	7.96	4.86
模型 4	8.98	8.68	4.41
模型 5	8.03	8.36	4.61

表 4-3　坝体特征点横河向位移峰值　　　　　　（单位：cm）

横缝计算模型	8# 坝顶	9# 坝顶	10# 坝顶
模型 1	1.47	1.39	1.39
模型 2	3.77	3.20	2.94
模型 3	1.57	1.60	1.62
模型 4	5.94	5.43	5.25
模型 5	3.18	2.96	2.87

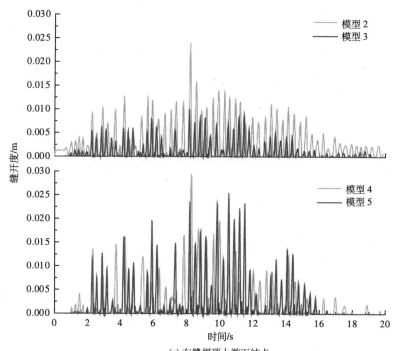

(a) 左缝坝顶上游面结点

图 4-8　各横缝法向开度时程曲线

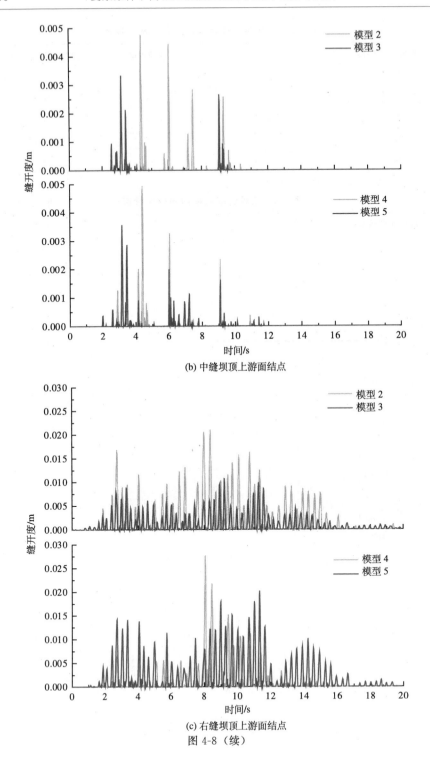

(b) 中缝坝顶上游面结点

(c) 右缝坝顶上游面结点

图 4-8（续）

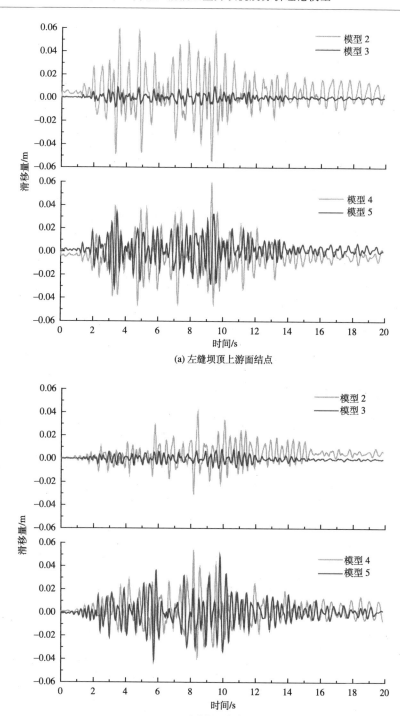

(a) 左缝坝顶上游面结点

(b) 中缝坝顶上游面结点

图 4-9　各横缝径向滑移时程曲线

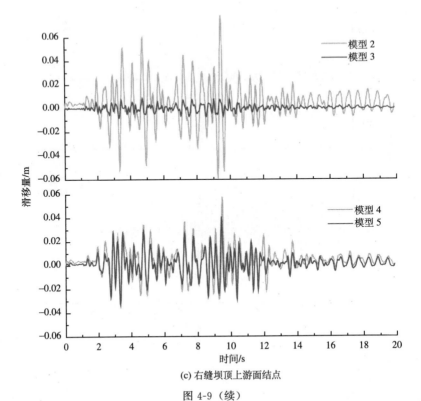

(c) 右缝坝顶上游面结点

图 4-9（续）

表 4-4　横缝法向最大开度　　　　　　（单位：cm）

横缝计算模型	左缝	中缝	右缝
模型 2	2.41	0.48	2.10
模型 3	1.00	0.33	1.09
模型 4	2.95	0.49	2.76
模型 5	2.55	0.36	2.02

表 4-5　横缝切向最大滑移量　　　　　　（单位：cm）

横缝计算模型	左缝	中缝	右缝
模型 2	5.92	4.07	7.83
模型 3	0.99	0.83	0.85
模型 4	5.97	5.43	5.80
模型 5	3.37	4.93	4.12

4.2　大体积混凝土抗震钢筋配置原则与动力计算模型

基于提出的混凝土坝抗震加固中钢筋混凝土动力本构模型，采用应变协调和强度等效假设，在复合材料细观力学和混凝土塑性损伤理论的基础上推导出了单向分布钢筋情况下钢筋混凝土材料的等效模量和等效强度公式，建立了整体式钢筋混凝土动力本构模型，并运用建立的整体式钢筋混凝土动力本构模型重点研究了金安桥碾压混凝土重力坝厂房坝段在地震作用下抗震钢筋的配置原则及最优配筋方案。

4.2.1　整体式钢筋混凝土动力本构模型

由实际大坝抗震配筋可知，对于混凝土坝局部配筋区域（如坝颈上游处、坝踵和坝颈下游处），一般钢筋所占的体积比低于 0.02，所以运用复合材料细观力学对钢筋混凝土材料进行等效分析是可行的。根据重力坝的实际受力及实时检测结果表明，承担主要受力的为沿竖向分布的抗震钢筋，而横向的分布钢筋主要起到将竖向抗震钢筋连接的作用，其受力相对较小。因此本书只考虑混凝土中单向分布钢筋的情况，计算钢筋混凝土等效材料的力学参数。

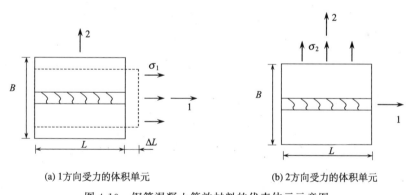

(a) 1 方向受力的体积单元　　　　　　(b) 2 方向受力的体积单元

图 4-10　钢筋混凝土等效材料的代表体元示意图

采用的主要假设为应变协调，即假设钢筋和混凝土黏结完好，在单向分布钢筋的混凝土中，钢筋应变 ε_s 和混凝土在钢筋方向的应变 ε_c 相等，如图 4-10 (a) 有

$$\varepsilon_1 = \varepsilon_s = \varepsilon_c = \frac{\Delta L}{L} \tag{4-3}$$

则钢筋应力和混凝土应力分别为

$$\sigma_s = E_s \varepsilon_1, \qquad \sigma_c = E_c \varepsilon_1 \qquad\qquad (4\text{-}4)$$

式中，E_s 为钢筋的弹性模量；E_c 为混凝土的弹性模量。

设截面的总横截面积为 A，钢筋横截面积为 A_s，混凝土横截面积为 A_c。平均应力 σ_1 作用在总横截面 A 上，σ_s 作用在钢筋横截面积 A_s 上，σ_c 作用在混凝土横截面积 A_c 上。由静力关系可得

$$A\sigma_1 = \sigma_s A_s + \sigma_c A_c \qquad\qquad (4\text{-}5)$$

将式（4-4）代入式（4-5），并引入 $\sigma_1 = E_1 \varepsilon_1$ 则有

$$E_1 \varepsilon_1 = E_s \varepsilon_1 \frac{A_s}{A} + E_c \varepsilon_1 \frac{A_c}{A} \qquad\qquad (4\text{-}6)$$

消去 ε_1，并引进 $V_s = \dfrac{A_s}{A}$，$V_c = \dfrac{A_c}{A}$，$V_s + V_c = 1$ 则得到

$$E_1 = E_s V_s + E_c V_c = E_s V_s + E_c(1 - V_s) \qquad\qquad (4\text{-}7)$$

式中，V_s 为钢筋的体积比；V_c 为混凝土的体积比；E_1 为钢筋混凝土等效材料沿 1 方向的等效模量。

同时假定钢筋和混凝土承受相等的横向应力 σ_2，如图 4-10(b) 所示，则钢筋混凝土等效材料沿 2 方向的等效模量 E_2 为

$$E_2 = \frac{E_s E_c}{E_s(1 - V_s) + E_c V_s} \qquad\qquad (4\text{-}8)$$

对于混凝土坝局部配筋区域的钢筋体积比，计算所得 E_2 较小于 E_1，但上述计算还未考虑到沿 2 方向同时布置钢筋的影响，故可令 $E_2 = E_1 = E_s V_s + E_c(1 - V_s)$。图 4-10 所示的二维矩形钢筋混凝土样本材料单元可以推广到三维问题中去。在后面的计算中，由于在厚度方向上的载荷主要为压应力，材料在这个方向上的行为呈现弹性特性，因此没有软化塑性损伤问题。在弹性常数的取值及塑性损伤的计算方面，按各向同性材料考虑。这种简化对于研究要计算的对象而言在模型上是近似的、合理的，而计算工作量与各向异性模型对应的计算量相比则大为减少。

由于钢筋和混凝土的拉伸屈服强度不同，当受到拉伸载荷时，混凝土首先进入塑性损伤应力状态。这里采用的强度等效假设为：假设等效材料的强度与原有各种材料组分的强度在宏观外在表现相同，则由混凝土的拉伸强度 σ_1^c 可得等效材料在初始塑性时的应力为

$$\sigma_{y1} = [E_s V_s + E_c(1 - V_s)] \frac{\sigma_1^c}{E_c} \qquad\qquad (4\text{-}9)$$

式中，σ_{y1} 即为等效材料的初始拉伸屈服极限，对应图 4-11 中的 A 点。在钢筋混凝土等效材料的应力水平超过 σ_{y1} 之后，所受的载荷主要由钢筋承担。当应力载

荷达到一定水平时，钢筋中的应力将达到塑性损伤屈服 σ_l^s，此时忽略混凝土承担的载荷，钢筋混凝土等效材料的应力水平 σ_{y2} 为

$$\sigma_{y2} = \sigma_l^s V_s \tag{4-10}$$

假设钢筋为理想弹塑性的，则这里的 σ_{y2} 即为在钢筋混凝土等效材料的最大拉伸屈服极限，对应图 4-11 的 B 点，这时钢筋混凝土等效材料的两种组分都进入塑性损伤阶段，图 4-11 给出了不同应力阶段的示意图。

在混凝土和钢筋界面黏结完好的假设下，与 σ_{y1} 和 σ_{y2} 两个应力水平对应的应变值，可以分别按照上述混凝土和钢筋的初始拉伸屈服极限和等效材料的弹性模量近似计算出，分别为

$$\varepsilon_{y1} = \frac{\sigma_{y1}}{E} = \frac{\sigma_l^c}{E_c}, \qquad \varepsilon_{y2} = \frac{\sigma_{y2}}{E} = \frac{\sigma_l^s}{E_s} \tag{4-11}$$

需要说明的是：对应图 4-11 所示应力应变曲线上的 B 点，虽然混凝土已经进入塑性阶段，可是钢筋依然处于弹性状态，ε_{y2} 近似取为按照弹性计算得到的钢筋的初始塑性屈服应变。这是因为混凝土为准脆性材料，其拉伸屈服后的强度较低，此时主要由钢筋承担拉应力，所以理论上讲这样取得的近似值是比较合理的。

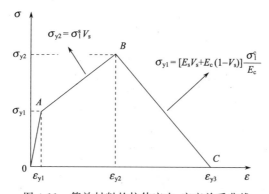

图 4-11　等效材料的拉伸应力-应变关系曲线

4.2.2　混凝土塑性损伤模型

混凝土的本构模型是综合 Lubliner 等（1989）提出的塑性损伤模型以及 Lee 和 Fenves（1998）提出的适合往复荷载作用的混凝土塑性损伤模型，该模型与传统弹塑性模型相比，主要有以下几点改进：

（1）将损伤指标引入混凝土模型，对混凝土的弹性刚度矩阵加以折减，以模

拟混凝土的卸载刚度随损伤增加而降低的特点。

（2）将非关联硬化引入混凝土塑性本构模型中，以期更好地模拟混凝土的受压弹塑性行为。

（3）可人为控制裂缝闭合前后的行为（引入刚度退化指标），更好模拟反复荷载下混凝土的响应。

整个混凝土的塑性损伤模型可以用以下一组方程加以概括

$$\sigma = (1-d)\bar{\sigma} \tag{4-12}$$

$$\bar{\sigma} = D_0^{el}(\varepsilon - \varepsilon^{pl}) \tag{4-13}$$

$$\dot{\tilde{\varepsilon}}^{pl} = h(\bar{\sigma}, \tilde{\varepsilon}^{pl}) \cdot \dot{\varepsilon}^{pl} \tag{4-14}$$

$$\dot{\varepsilon}^{pl} = \lambda \frac{\partial G(\bar{\sigma})}{\partial \bar{\sigma}} \tag{4-15}$$

式（4-12）定义了考虑损伤时的有效应力；式（4-13）定义了有效应力和弹性应变之间的关系；式（4-14）和式（4-15）定义了混凝土的塑性行为。σ 为名义应力；$\bar{\sigma}$ 为有效应力；d 为损伤指标；D_0^{el} 为材料的弹性本构矩阵；$\tilde{\varepsilon}^{pl}$ 为等效塑性应变；$\dot{\tilde{\varepsilon}}^{pl}$ 为等效塑性应变率；h 为硬化函数；λ 为塑性乘子；G 为塑性势函数。

以单轴工况为例，通过在该模型中引入刚度退化指标，模拟往复地震荷载的情况，用以下式子来定义总的损伤指标。

$$\begin{cases} (1-d) = (1-s_t d_c)(1-s_c d_t), & 0 \leqslant s_t, s_c \leqslant 1 \\ s_t = 1 - \omega_t r^*(\bar{\sigma}_{11}), & 0 \leqslant \omega_t \leqslant 1 \\ s_c = 1 - \omega_c[1 - r^*(\bar{\sigma}_{11})], & 0 \leqslant \omega_c \leqslant 1 \\ r^*(\bar{\sigma}_{11}) = H(\bar{\sigma}_{11}) = \begin{cases} 1, & \text{如果}\bar{\sigma}_{11} > 0 \\ 0, & \text{如果}\bar{\sigma}_{11} < 0 \end{cases} \end{cases} \tag{4-16}$$

式中，d 为总的损伤指标；d_t 为受拉损伤指标；d_c 为受压损伤指标；s_t 和 s_c 为应力状态的函数，用来描述应力状态改变（即拉压互相转换时）对刚度退化的影响；ω_t 和 ω_c 为权重因子，是与材料有关的参数，在应力状态改变时用来控制抗拉和抗压刚度恢复情况。据大量试验可知，对于混凝土等脆性材料，当施加作用力由拉应力变为压应力，即微裂缝闭合时其抗压刚度完全恢复；相反，当施加作用力由压应力变为拉应力，微裂缝重新张开时其抗拉刚度不恢复。因此，在该混凝土模型中一般取 $\omega_c = 1$ 和 $\omega_t = 0$。

在往复荷载作用下混凝土的应力-应变关系如图 4-12 所示。

该模型中混凝土的弹塑性屈服面（图 4-13）采用 Lee 和 Fenves（1998）提出的公式

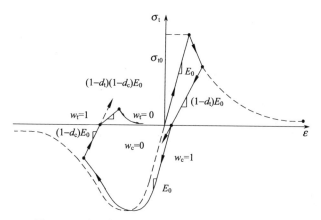

图 4-12　受往复荷载作用下混凝土应力-应变关系

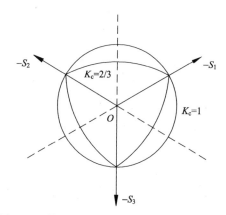

图 4-13　偏平面上的屈服面形状与 K_c 的关系

$$F(\bar{\sigma}, \tilde{\varepsilon}^{pl}) = \frac{1}{1-\alpha}[\bar{q} - 3\alpha\bar{p} + \beta(\tilde{\varepsilon}^{pl})\langle\hat{\bar{\sigma}}_{max}\rangle - \gamma\langle-\hat{\bar{\sigma}}_{max}\rangle] - \bar{\sigma}_c(\tilde{\varepsilon}_c^{pl}) \quad (4\text{-}17)$$

式中，$\bar{q}$ 为等效静水压力；$\bar{p}$ 为 Mises 有效应力；$\tilde{\varepsilon}_t^{pl}$ 和 $\tilde{\varepsilon}_c^{pl}$ 分别为受拉和受压等

效塑性应变；$\beta(\tilde{\varepsilon}^{pl}) = \dfrac{\bar{\sigma}_c(\tilde{\varepsilon}_c^{pl})}{\bar{\sigma}_t(\tilde{\varepsilon}_t^{pl})}(1-\alpha)-(1+\alpha)$，$\bar{\sigma}_t$ 和 $\bar{\sigma}_c$ 分别为受拉和受压

的有效黏聚应力；$\alpha = \dfrac{\sigma_{b0}-\sigma_{c0}}{2\sigma_{b0}-\sigma_{c0}}$，$\sigma_{b0}$ 和 σ_{c0} 分别为双轴和单轴受压时的初始屈服

应力，一般 α 取 $0.08\sim0.12$；$\gamma = \dfrac{3(1-K_c)}{2K_c-1}$，对于混凝土，材料参数 $K_c=2/3$，

即 $\gamma=3$；α 和 γ 均为量纲一的材料参数；$\hat{\bar{\sigma}}_{max}$ 为有效应力的最大特征值。

偏平面上的屈服面形状与 K_c 的关系如图 4-13 所示。塑性流动法则基于 Drucker-Prager 流动面的非关联流动，其公式为

$$\dot{\varepsilon}^{pl} = \dot{\lambda}\, \frac{\partial G(\bar{\sigma})}{\partial \bar{\sigma}} \tag{4-18}$$

$$G = \sqrt{(\in \sigma_{t0} \tan\psi)^2 + \bar{q}^2} - \bar{p} \tan\psi \tag{4-19}$$

式中，G 为塑性势函数；$\in$ 取决于偏心率，用来定义塑性势方程在 $\bar{p}$-$\bar{q}$ 平面上靠近渐近线的程度（偏心率为零时，塑性势方程趋于直线）；σ_{t0} 为单轴极限抗拉强度；ψ 为材料的膨胀角。

采用混凝土分段曲线损伤模型来确定受拉损伤因子，其公式为

$$d_t = \begin{cases} 0, & x \leqslant 1 \\ 1 - \sqrt{\dfrac{f_t^* / \varepsilon_t / E_0}{\alpha_t (x-1)^{1.7} + x}}, & x > 1 \end{cases} \tag{4-20}$$

式中，d_t 为损伤因子，$0 \leqslant d_t \leqslant 1$；$\alpha_t$ 为单轴受拉应力-应变曲线下降段的参数值；f_t^* 为混凝土的单轴抗拉强度；ε_t 为与 f_t^* 相应的混凝土峰值拉应变；E_0 为混凝土的初始弹性模量；$x = \varepsilon / \varepsilon_t$，其中 ε 为混凝土的总应变；α_t、ε_t、f_t^* 均可通过文献获得，这样就可以确定混凝土的受拉损伤情况。

例如，坝踵处混凝土的极限动态抗拉强度为 3.0 MPa，开裂应变与拉应力、开裂应变与损伤变量的关系如图 4-14 所示。在 ABAQUS 软件中进行计算时，图 4-14 中的关系曲线是按数据系列的形式输入的。

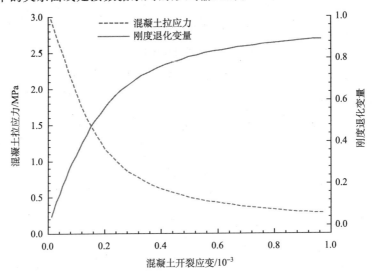

图 4-14　开裂应变与拉应力及损伤变量的关系曲线

4.2.3　金安桥重力坝抗震钢筋配置优化研究

配筋计算以 $8^{\#}$ 厂房坝段为研究对象。在计算模型中，考虑了对大坝整体安全性影响较大的 t_{1a}、t_{1b} 等凝灰岩夹层以及位于河床坝段下部的裂面绿泥石化岩体，并对各类岩层进行了比较符合实际的模拟。坝体和基础均采用二维四结点等参单元，迎水坝面上的动水压力采用二结点附加质量单元来模拟。其中，x 方向为顺河向（正向由上游到下游），y 方向为竖直向。

$8^{\#}$ 厂房坝段二维有限元模型信息见表 4-6，大坝–地基系统网格剖分如图 4-15 所示。

表 4-6　$8^{\#}$ 厂房坝段二维有限元计算模型信息表

坝段		单元数		结点数
		实体单元	附加质量单元	
$8^{\#}$	坝体部分	2410	84	2537
	基础部分	1561	0	1658
	总和	4055		4195

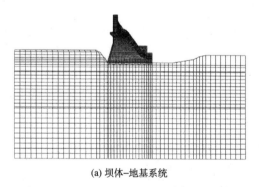
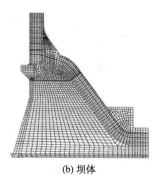

(a) 坝体–地基系统　　　　　　　　　　　　　(b) 坝体

图 4-15　有限元网格

按《水工建筑物荷载设计规范》（DL 5077—1997）考虑了自重、静水压力、淤沙压力、扬压力、地震荷载（同时考虑动水压力）等。其中，上游正常蓄水位 1418.000 m，下游水位 1293.889 m。

采用自编程序合成人工地震波加速度时程，总时间为 20 s，时间步长为 0.02 s，采用迭代法使计算反应谱逼近规范反应谱，误差控制在 5% 以内，如图 4-16 所示。

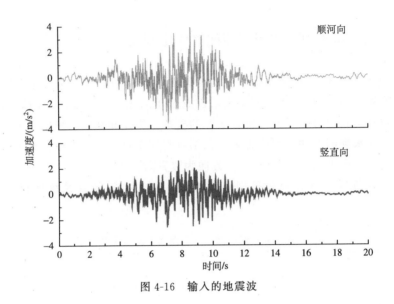

图 4-16　输入的地震波

数值计算时采用混凝土材料参数为：动弹性模量 3.315×10^4 MPa，泊松比 0.2，容重 26.0 kN/m³，膨胀角 36°，极限动力抗拉强度 $\sigma_{t0} = 3.15$ MPa，阻尼比 5%；钢筋材料参数为：动弹性模量 2.6×10^5 MPa，泊松比 0.3，容重 78.0 kN/m³，极限动力抗拉强度 $\sigma_s = 435.5$ MPa。

针对混凝土重力坝在地震荷载作用下配筋量的计算，目前国内外还未有具体的规范。坝体如果多配筋则安全，但投资会大大增加；如果少配筋会减少投资，但安全得不到保障。在已计算出来的配筋方案基础上（即坝踵、上下游关键部位的抗震钢筋直径 28 mm，间距 200 mm；分布钢筋直径 18 mm，间距 400 mm），再提出了几种配筋方案，如表 4-7。通过平面非线性地震响应分析损伤结果得到该厂房坝段在地震作用下的最优配筋方案。

表 4-7　配筋及优化方案

方案一	方案二	方案三	方案四
1 排 $\phi28@200$	1 排 $\phi36@200$	2 排 $\phi28@200$	2 排 $\phi36@200$

注：2 排钢筋间距为 1.0 m，其余部位均为单排 $\phi22@200$ 构造配筋。

通过对未配筋情况下的坝体混凝土损伤区范围进行配筋，配筋计算采用整体式钢筋混凝土动力本构模型，配筋区域如图 4-17 所示。

需要说明的是在综合考虑到配筋后钢筋影响区范围的前提下，确定等效材料区域。坝踵处等效材料区域沿顺河向长度为 7.5 m，下游折坡处等效材料区域沿顺河向长度为 5.5 m。按照上述配筋原则可以得到单位宽度的钢筋量，可计算出

2 个区域钢筋混凝土材料中的配筋率。表 4-8 为不同方案下 2 个区域钢筋混凝土材料中的配筋率。

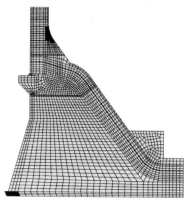

图 4-17　坝体抗震钢筋配置区域

表 4-8　不同配筋方案下等效材料区域中的配筋率

配筋方案	配筋区域	
	坝踵	下游折坡
方案一	0.008	0.012
方案二	0.013	0.020
方案三	0.016	0.024
方案四	0.026	0.040

　　2 个区域钢筋混凝土等效材料的主要力学参数见表 4-9～表 4-12。另外受压缩载荷时的钢筋混凝土等效材料的力学行为近似取为混凝土的材料常数值。

表 4-9　钢筋混凝土等效材料的主要力学参数（配筋方案一）

区域	弹模 /GPa	容重 /(kN/m³)	泊松比	σ_{y1} /MPa	σ_{y2} /MPa	ε_{y1} /10^{-4}	ε_{y2} /10^{-4}	ε_{y3} /10^{-4}
A	34.96	24.43	0.20	3.32	3.48	0.95	16.75	33.50
B	35.87	24.65	0.20	3.41	5.23	0.95	16.75	33.50

注：表 4.5～表 4.8 中区域 A 为坝踵处，区域 B 为下游折坡处。

表 4-10　钢筋混凝土等效材料的主要力学参数（配筋方案二）

区域	弹模 /GPa	容重 /(kN/m³)	泊松比	σ_{y1} /MPa	σ_{y2} /MPa	ε_{y1} /10^{-4}	ε_{y2} /10^{-4}	ε_{y3} /10^{-4}
A	36.10	24.70	0.20	3.43	5.66	0.95	16.75	33.50
B	37.69	25.08	0.20	3.58	8.71	0.95	16.75	33.50

表 4-11　　钢筋混凝土等效材料的主要力学参数（配筋方案三）

区域	弹模 /GPa	容重 /(kN/m³)	泊松比	σ_{y1} /MPa	σ_{y2} /MPa	ε_{y1} /10^{-4}	ε_{y2} /10^{-4}	ε_{y3} /10^{-4}
A	36.78	24.86	0.20	3.49	6.97	0.95	16.75	33.50
B	38.59	25.30	0.20	3.67	10.45	0.95	16.75	33.50

表 4-12　　钢筋混凝土等效材料的主要力学参数（配筋方案四）

区域	弹模 /GPa	容重 /(kN/m³)	泊松比	σ_{y1} /MPa	σ_{y2} /MPa	ε_{y1} /10^{-4}	ε_{y2} /10^{-4}	ε_{y3} /10^{-4}
A	39.05	25.40	0.20	3.71	11.32	0.95	16.75	33.50
B	42.22	26.16	0.20	4.01	17.42	0.95	16.75	33.50

　　图 4-18～图 4-22 给出了坝体没有配筋及四种不同配筋方案时数值计算所得的拉应力损伤区域的分布情况。由图可知，对坝体进行配筋后，坝体的损伤区域较未配筋情况时有显著减小。不同配筋方案下坝体关键部位的损伤区域（$d_t >$ 0.60）深度如表 4-13 所示，坝顶顺河向位移、下游折坡处（配筋区端部）第一主应力时程曲线如图 4-23 所示。

　　由表 4-13 可以看出，应用方案一对坝体进行配筋后关键部位的损伤区深度（$d_t > 0.60$）最大能减小约 55.2%，说明抗震钢筋发挥了较大作用，限制了裂缝

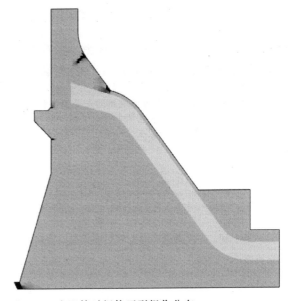

图 4-18　未配筋时坝体开裂损伤分布

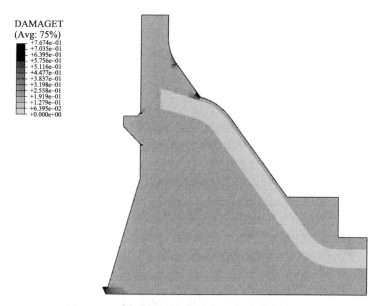

图 4-19　配筋后坝体开裂损伤分布（配筋方案一）

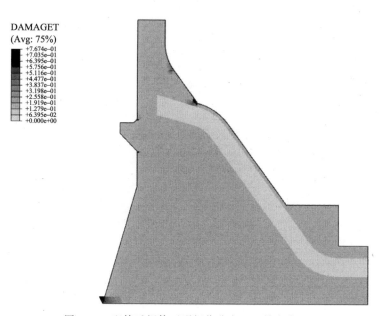

图 4-20　配筋后坝体开裂损伤分布（配筋方案二）

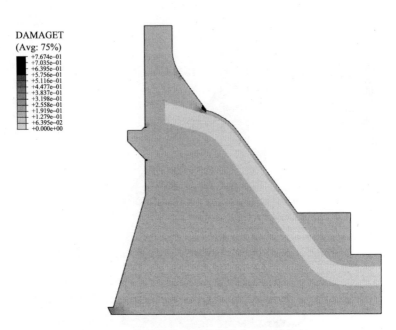

图 4-21　配筋后坝体开裂损伤分布（配筋方案三）

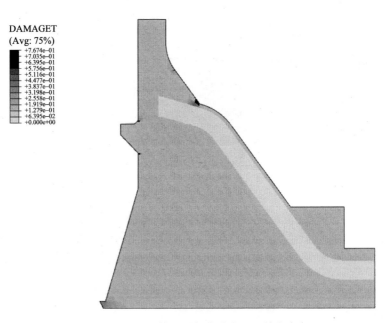

图 4-22　配筋后坝体开裂损伤分布（配筋方案四）

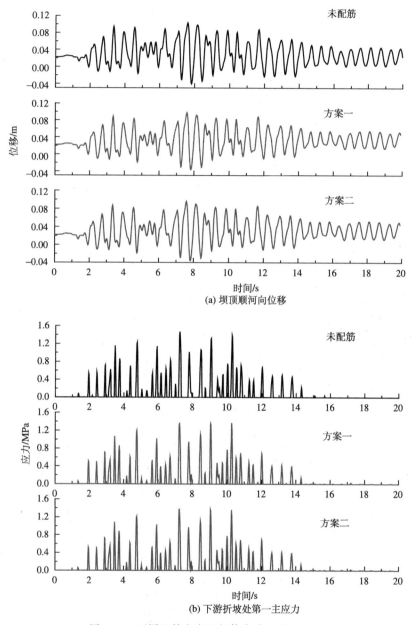

图 4-23　不同配筋方案下坝体位移、应力时程

的进一步扩展，尤其是坝颈部位。应用方案二对坝体进行配筋后关键部位的损伤区深度最大能减小约 58.2%，说明增大钢筋直径起到了抑制混凝土损伤的效果。方案三结果表明，配置 2 排钢筋最多能减小损伤区深度约为 68.6%。方案四是

在方案三的基础上将直径 28 mm 换成 36 mm 的钢筋，结果表明对减小损伤区深度效果不明显。并且，未配筋前大坝顺河向最大位移为 10.40 cm，在方案一中最大位移减小为 9.79 cm，方案三中最大位移减小为 9.61 cm，减小了约 7.6%；未配筋前大坝下游折坡处最大主拉应力为 1.47 MPa，在方案一中最大主拉应力减小为 1.37 MPa，方案三中最大主拉应力减小为 1.29 MPa，减小了约 12.2%，可见大坝配置适量的抗震钢筋使坝体整体刚度增大，提高了大坝的抗震性能。

表 4-13　不同配筋方案下坝体关键部位的损伤区

配筋方案	损伤区深度 ($d_t > 0.60$) /m	
	坝踵	下游折坡
未配筋	4.4	6.7
方案一	2.8	3.0
方案二	2.4	2.8
方案三	2.0	2.1
方案四	2.0	1.8

综上所述，由配筋计算可总结出，对坝体进行抗震配筋时，当对于同一地震荷载，钢筋量达到一定水平后，地震后坝体混凝土损伤程度、位移及应力响应也不再有大幅度的变化。对于金安桥厂房坝段，方案三所提出的配筋量为坝体配筋的临界值，方案三为最优配筋方案。

4.3　重力坝-地基系统辐射阻尼影响分析

基于 ABAQUS 平台，开发了反映无限地基辐射阻尼效应的黏弹性边界单元及外源波动输入程序。针对现行水工抗震规范中大坝混凝土的不同阻尼比取值，考虑两种不同的地震动输入模型（无质量地基模型和黏弹性边界外源波动输入模型），研究了不同阻尼比对高坝地震响应的影响。

4.3.1　地震动输入方法

1. 无质量地基模型

在解决大坝-地基动力相互作用问题时，目前使用较广泛是 Clough（1980）提出的无质量地基模型，即截取大坝附近一定范围的地基，假定其为线弹性、无质量的，并假定地震激励均匀作用于截断边界上。这种方法主要存在如下的问题：①实际地基是有质量的半无限介质，地震波动能量将向无穷远处逸散，即无限地基的辐射对散射地震波动能量将起到一种吸能作用；②建于深山峡谷中、基底延伸很长、上下高差显著的高坝坝址，沿坝基交界面的地震动振幅和相位差异明显，忽视这种不均匀性对于空间整体作用效应明显的高坝将难以反映坝体的实际地震反应。因此，有必要对该模型进行定量分析。

近年来，在大坝-地基动力相互作用分析方法上取得了一些重要进展。目前工程上较常用的有 Lysmer 等（1969）提出的黏性边界，Deeks 等（1994）提出的时域解耦的黏弹性边界，廖振鹏提出的透射边界等。黏弹性边界因其独特的优势在实际工程中得到了一些应用。

2. 黏弹性边界单元及外源波动输入方法

Deeks、刘晶波在波阵面方程中引入几何扩散因子，推导了反映无限介质弹性恢复性能的黏弹性人工边界条件；杜修力等（2006）根据平面波和远场散射波混合经验叠加并考虑多角度透射改进了黏弹性边界公式，无论是波源问题还是散射问题都具有较高的计算精度，该黏弹性边界的刚度系数和阻尼系数为

$$\begin{cases} K_{BN} = \dfrac{1}{1+\alpha}\dfrac{\lambda+2G}{r_1}, & C_{BN} = \beta\rho c_p \\[2mm] K_{BT} = \dfrac{1}{1+\alpha}\dfrac{G}{r_b}, & C_{BT} = \beta\rho c_s \end{cases} \tag{4-21}$$

式中，K_{BN}、K_{BT} 分别表示法向和切向弹簧系数；C_{BN}、C_{BT} 分别为表示法向和切向阻尼系数；r_b 为散射波源至人工边界的距离；c_p、c_s 分别为 P 波和 S 波波速；G 为介质剪切模量，λ 为拉梅常数；ρ 为介质质量密度，α、β 为量纲一参数，分别取 0.8、1.1。

黏弹性人工边界作为一种应力连续分布的人工边界条件，可采用与普通单元类似的形函数进行离散，如图 4-24 所示。

结点 i 处的形函数为

$$N_i = \frac{1}{4}\left(1\pm\frac{y}{a}\right)\left(1\pm\frac{x}{b}\right) \tag{4-22}$$

式中，在结点 i 处 y，x 分别取为 $\pm a$，$\pm b$，$i=1$，2，3，4。

位移形函数矩阵为

$$[\boldsymbol{N}] = [\boldsymbol{I}N_1 \quad \boldsymbol{I}N_2 \quad \boldsymbol{I}N_3 \quad \boldsymbol{I}N_4] \tag{4-23}$$

式中，I 为三阶单位矩阵。

黏弹性人工边界上分布的弹性刚度矩阵为

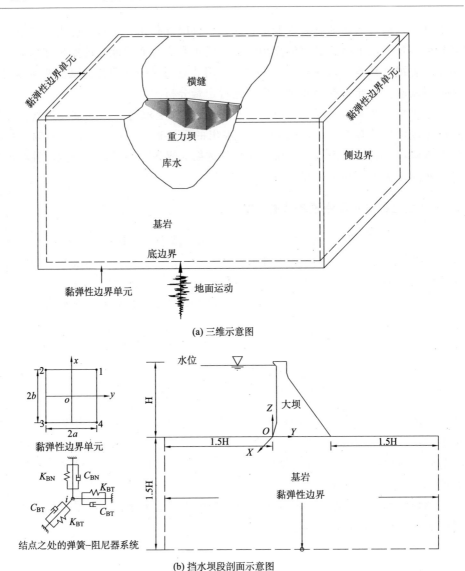

(a) 三维示意图

(b) 挡水坝段剖面示意图

图 4-24　重力坝-地基系统黏弹性边界示意图

$$[\boldsymbol{D}] = \begin{bmatrix} K_{BT} & 0 & 0 \\ 0 & K_{BT} & 0 \\ 0 & 0 & K_{BN} \end{bmatrix} \tag{4-24}$$

单元的刚度矩阵公式为

$$[\boldsymbol{K}] = \int_{-a}^{a} \int_{-b}^{b} [\boldsymbol{N}]^{\mathrm{T}} [\boldsymbol{D}] [\boldsymbol{N}] \mathrm{d}x \,\mathrm{d}y \tag{4-25}$$

经式（4-25）计算得到，黏弹性人工边界单元的刚度矩阵如式（4-26），阻尼矩阵具有相同的形式，只需将刚度系数 K 用相应的阻尼系数 C 替换即可。

$$[\boldsymbol{K}]_{\mathrm{B}} = \frac{S_{\mathrm{b}}}{36}
\begin{bmatrix}
4K_{\mathrm{BT}} & 0 & 0 & 2K_1 & 0 & 0 & K_{\mathrm{BT}} & 0 & 0 & 2K_{\mathrm{BT}} & 0 & 0 \\
 & 4K_{\mathrm{BT}} & 0 & 0 & 2K_{\mathrm{BT}} & 0 & 0 & K_{\mathrm{BT}} & 0 & 0 & 2K_{\mathrm{BT}} & 0 \\
 & & 4K_{\mathrm{BN}} & 0 & 0 & 2K_{\mathrm{BN}} & 0 & 0 & K_{\mathrm{BN}} & 0 & 0 & 2K_{\mathrm{BN}} \\
 & & & 4K_{\mathrm{BT}} & 0 & 0 & 2K_{\mathrm{BT}} & 0 & 0 & K_{\mathrm{BT}} & 0 & 0 \\
 & & & & 4K_{\mathrm{BT}} & 0 & 0 & 2K_{\mathrm{BT}} & 0 & 0 & K_1 & 0 \\
 & & & & & 4K_{\mathrm{BN}} & 0 & 0 & 2K_{\mathrm{BN}} & 0 & 0 & K_{\mathrm{BN}} \\
 & & & & & & 4K_{\mathrm{BT}} & 0 & 0 & 2K_{\mathrm{BT}} & 0 & 0 \\
 & & & & & & & 4K_{\mathrm{BT}} & 0 & 0 & 2K_{\mathrm{BT}} & 0 \\
 & sym & & & & & & & 4K_{\mathrm{BN}} & 0 & 0 & 2K_{\mathrm{BN}} \\
 & & & & & & & & & 4K_{\mathrm{BT}} & 0 & 0 \\
 & & & & & & & & & & 4K_{\mathrm{BT}} & 0 \\
 & & & & & & & & & & & 4K_{\mathrm{BN}}
\end{bmatrix}$$

$$\text{(4-26)}$$

式中，$S_{\mathrm{b}} = 4ab$ 为黏弹性人工边界单元的面积。

3. 外源波动输入方法

黏弹性边界能够吸收由近场向远域散射的外行波，将外源地震波引入计算区域时，只需在人工边界处施加自由场荷载即可，可以把近域地基作为半无限空间自由场地基的子结构，由其在入射地震波作用下的边界相互作用力给出：

$$\boldsymbol{F}_{\mathrm{b}} = \boldsymbol{K}_{\mathrm{B}}\boldsymbol{u}_{\mathrm{b}}^{\mathrm{f}} + \boldsymbol{C}_{\mathrm{B}}\dot{\boldsymbol{u}}_{\mathrm{b}}^{\mathrm{f}} + \boldsymbol{\sigma}_{\mathrm{b}}^{\mathrm{f}}\boldsymbol{n} \qquad \text{(4-27)}$$

式中，$\boldsymbol{n}$ 为边界外法线方向余弦向量；$\boldsymbol{K}_{\mathrm{B}}$、$\boldsymbol{C}_{\mathrm{B}}$ 均为以式（4-21）中表达的集中参数为元素的对角矩阵，$\boldsymbol{u}_{\mathrm{b}}^{\mathrm{f}}$、$\dot{\boldsymbol{u}}_{\mathrm{b}}^{\mathrm{f}}$、$\boldsymbol{\sigma}_{\mathrm{b}}^{\mathrm{f}}$ 分别为自由场位移矢量、速度矢量和应力矢量，当在近域地基底边边界输入的地震波波阵面为平面时，自由场应力矢量可由速度场表示。

利用有限元软件 ABAQUS 提供的自定义单元子程序 UEL 结合 Hilber-Hughes-Taylor 隐式积分算法，通过定义边界单元对整个系统的雅可比矩阵贡献来实现黏弹性人工边界。基于波场分离方法，将人工边界上的总波场分解为无局部场地效应引起的自由场与局部场地效应引起的散射场，散射场由黏弹性人工边界吸收，则作用于人工边界的无局部场地效应影响的自由场可由设计地震动位移时程和速度时程统一表达，利用子程序 DSLOAD、UTRACLOAD 描述边界的加载历程。将子程序 UEL、DSLOAD、UTRACLOAD 以及设计地震动等数据汇集成 SDAB. for，结合在 ABAQUS 中建立的有限元模型，可方便有效地进行结构-地基相互作用的分析。

4. 算例验证

通过一个数值算例验证上述三维黏弹性边界单元及波动输入程序的正确性。从三维半无限空间中截取 1200 m×1200 m×1200 m 的有限范围，顶端自由，用边长 40 m 的八结点正方体单元离散，共划分 31 744 个单元和 34 848 个结点，其底面和四个侧面设置 4744 个黏弹性边界单元。

弹性介质参数为：弹性模量 $E=27.0$ GPa，泊松比 $\mu=0.25$，质量密度 $\rho=2700$ kg/m³，S 波波速 $c_s=2000.0$ m/s，P 波波速 $c_p=3464.1$ m/s。这些参数均在实际重力坝地基参数范围之内。在底边界处，垂直向上入射水平向的 S 波和 P 波：

$$u(t)=\begin{cases}0.05\sin(4\pi \cdot t), & 0\leqslant t\leqslant 0.5\text{s} \\ 0, & t>0.5\text{s}\end{cases} \tag{4-28}$$

由一维波动理论，水平向剪切位移波在 0.30 s 时到达模型中部，0.60 s 时到达模型顶部，由于顶部是自由表面故放大了两倍，经顶部自由表面反射后向下传播，在 0.90 s 时到达模型中部，1.20 s 时到达模型底部，1.80 s 后水平波完全穿过底面，此时计算模型各部位的位移均变为 0。从图 4-25 可看出，数值计算的结果与理论结果吻合得很好。同时也验证了垂直向上入射压缩位移波的情形，也得到类似剪切波的结果，这里就不再赘述。因此可以说明开发的用户单元及波动输入程序是正确的，并具有较高的计算精度。

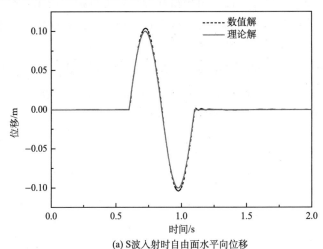

(a) S 波入射时自由面水平向位移

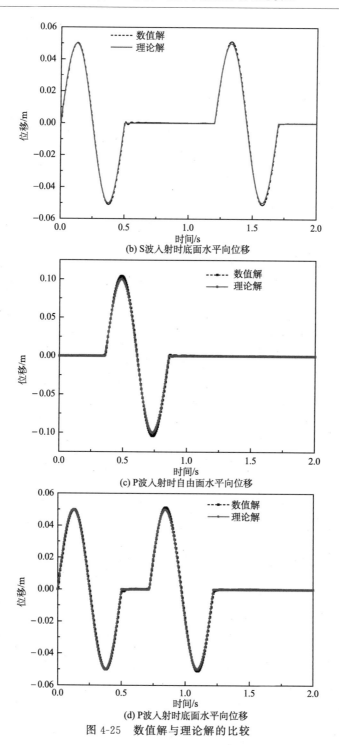

(b) S波入射时底面水平向位移

(c) P波入射时自由面水平向位移

(d) P波入射时底面水平向位移

图 4-25　数值解与理论解的比较

4.3.2　工程应用

1. 有限元模型及计算参数

　　金安桥碾压混凝土重力坝坝顶高程 1424.0 m，建基面最低高程 1264.0 m，最大坝高 160.0 m，坝顶长 640.0 m。非溢流坝段坝顶宽 12.0 m，电站进水口坝段坝顶宽 16.0 m。上游坝面在 1330.0 m 高程以上铅直，以下坝面坡度 1∶0.3，下游坝面坡度 1∶0.75。大坝共分 21 个坝段，设 20 条横缝，如图 4-26 所示。水库的正常蓄水位为 1418.0 m，下游水位（正常尾水位）为 1299.4 m；坝前淤沙高程为 1335.0 m，淤沙浮容重 9.5 kN/m³。坝体-地基系统网格剖分如图 4-27 所示，采用八结点六面体等参单元离散，共有 207 302 个结点，191 389 个单元。

　　考虑的荷载有坝体自重、静水压力、淤沙压力、扬压力、动水压力和地震荷载。库水动力效应的模拟采用 Westergaard 附加质量模型。大坝地震设防烈度为 9 度，顺河向及横河向的水平地震峰值加速度均为 0.3995 g，竖直向峰值加速度为 0.266 g。计算总时间为 20 s，时间步长为 0.02 s，采用迭代法使计算反应谱逼近规范反应谱，误差控制在 5% 以内，输入的加速度时程及其反应谱如图 4-28 所示。

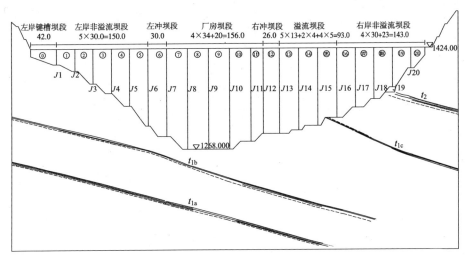

图 4-26　金安桥重力坝上游立视图

　　为了比较不同阻尼比对该重力坝地震响应的影响，结合不同地震动输入模型，设计了如表 4-14 所示的计算工况，该三种工况中静力荷载均相同。大坝-地基系统前 2 阶自振频率分别为 1.6250 Hz、2.1108 Hz，采用 Rayleigh 阻尼 $C=$

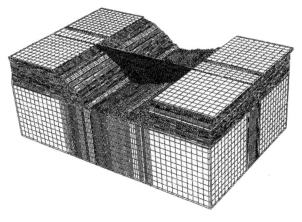

(a) 重力坝-地基系统网格

(b) 坝体网格

图 4-27　重力坝-地基系统有限元网格图

$\alpha_0 M + \alpha_1 K$，其中当混凝土的阻尼比取 8% 时 $\alpha_0 = 0.9230$ s^{-1}，$\alpha_1 = 0.0068$ s。计算按表 4-14 的工况进行。

表 4-14　计算工况列表

工况	考虑荷载
工况 1	所有静载＋无质量地基输入地震加速度，阻尼比 8%
工况 2	所有静载＋无质量地基输入地震加速度，阻尼比 15%
工况 3	所有静载＋黏弹性边界外源波动输入等效地震荷载，阻尼比 8%

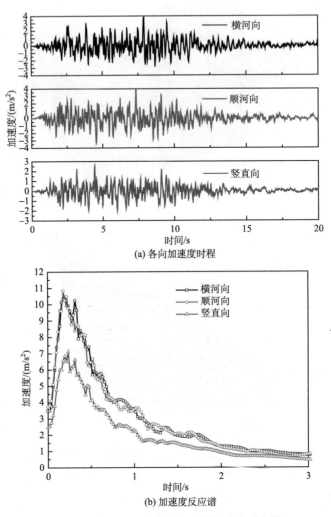

(a) 各向加速度时程

(b) 加速度反应谱

图 4-28　输入的地震波时程及其加速度反应谱

2. 结果分析

工况 1～3 中，坝顶顺河向位移包络图、坝体最大顺河向位移时程分别见图 4-29、图 4-30 所示。在这三种工况中，坝体最大顺河向位移分别为 7.46 cm、5.87 cm、6.01 cm，顺河向最大位移值分别减小了 21.3%、19.4%。

选取 5# （坝纵 0＋150 m，挡水坝段）、8# （坝纵 0＋248 m，厂房坝段）、12# （坝纵 0＋336 m，右岸冲沙底孔坝段）三个典型坝段进行分析，其顺河向位

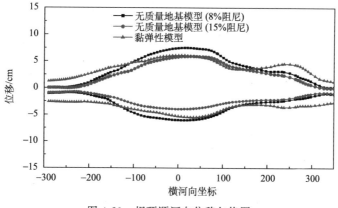

图 4-29　坝顶顺河向位移包络图

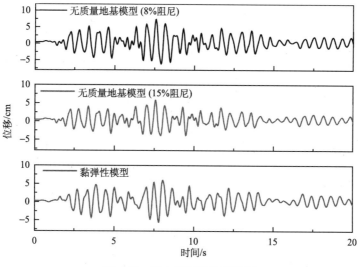

图 4-30　最大顺河向位移时程

移、主应力峰值如表 4-15 所示。工况 2、3 的坝体位移、应力峰值相对工况 1 的降低幅度如表 4-16 所示。可以看出，考虑无限地基的辐射阻尼作用后，坝体的动力响应普遍能减小 10％～30％，这对大坝的抗震设计是有利的。

　　同时，还可以看出，坝体位移、应力峰值响应以及曲线变化规律，在黏弹性边界外源波动输入时与无质量地基模型阻尼比取 15％时较一致。

表 4-15　典型坝段位移、应力峰值

工况	5# 坝段			8# 坝段			12# 坝段		
	U2	S1	S3	U2	S1	S3	U2	S1	S3
1	4.66	7.55	−6.06	7.37	5.50	−17.47	5.97	5.53	−15.58
2	3.52	5.52	−5.22	5.74	3.40	−14.65	4.88	4.00	−13.84
3	3.83	5.18	−5.05	5.80	4.85	−15.32	4.31	4.54	−14.12

注：位移单位为 cm，应力单位为 MPa。

表 4-16　坝体位移、应力峰值相对降低幅度　　　　（单位：%）

工况	5# 坝段			8# 坝段			12# 坝段		
	U2	S1	S3	U2	S1	S3	U2	S1	S3
2	24.46	26.89	13.86	22.12	19.24	16.14	18.26	27.67	11.17
3	17.81	31.39	16.67	21.30	11.82	12.31	27.81	17.90	9.37

4.4　考虑设计地震动的斜入射波动输入方法研究

应用波动输入方法进行结构-地基动力相互作用分析时，通常假设地震波为垂直入射的剪切波或压缩波，当震源较远时，垂直入射的假设是可以接受的。而事实上，当震源距离场地较近时，地震波并不是垂直向上入射的，通常以某个角度传播到近场，地震动呈现空间变化特性。对于诸如核电站、大坝、桥梁等大型结构，地面运动的非一致变化对结构地震响应有很大的影响，而斜入射地震波是引起的地面非一致运动的主要因素。在大地震近场条件下，为确保重大工程在地震作用下的安全，有必要在其抗震设计中考虑地震波入射角度的影响。

4.4.1　斜入射波场的确定

由波动理论可知，地震波在自由表面处会发生波形转换，即当 P 波和 SV 波分别斜入射到自由表面时，反射波系中均会衍生出另外的 P 波和 SV 波，如图 4-31 所示，$p^{(i)}$ 为平面波的传播矢量，$i=0$，1，2，分别表示入射波、反射 P 波和反射 SV 波。入射角与反射角满足 Snell 定律，幅值存在比例关系，对于无局部场地效应的半空间自由场而言，将入射波场和两条反射波的波场进行叠加即可得到斜入射地震波作用时的自由波场的解析表达式。

为保持地表地震动各分量的统计特征，将地表地震动时程分量分解为斜入射的平面 SV 波和平面 P 波，这两条波在地表的响应与设计地震动分量相同，而在其他方向的响应为 0，以此建立反映设计地震动的斜入射机制。

设半空间自由表面参考点的设计地震动水平分量为 $u_h(t)$，在 O 点构造入射波幅值时程为 $f(t)$、振动矢量为 $\boldsymbol{d}^{(0)} = (\cos\theta_0 \ -\sin\theta_0)$ 的平面 SV 波，和入射波幅值时程为 $g(t)$、其振动矢量为 $\boldsymbol{d}^{(0)} = (\cos\theta_0' \ -\sin\theta_0')$ 的平面 P 波，两条波共同作用下产生自由面地震动水平分量为 $u_h(t - t_i)$、竖向分量为 0 的自由波场，则存在如下关系：

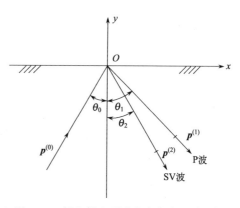

图 4-31　斜入射地震波在自由表面的反射

$$-f\left(t - \frac{x\sin\theta_0 + y\cos\theta_0}{c_s}\right)\sin\theta_0 - f_1 f\left(t - \frac{x\sin\theta_1 - y\cos\theta_1}{c_p}\right)\cos\theta_1$$

$$-f_2 f\left(t - \frac{x\sin\theta_2 - y\cos\theta_2}{c_s}\right)\sin\theta_2 + g\left(t - \frac{x\sin\theta_0' + y\cos\theta_0'}{c_p}\right)\cos\theta_0' \quad (4\text{-}29)$$

$$-g_1 g\left(t - \frac{x\sin\theta_1' - y\cos\theta_1'}{c_p}\right)\cos\theta_1' - g_2 g\left(t - \frac{x\sin\theta_2' - y\cos\theta_2'}{c_s}\right)\sin\theta_2' = 0$$

式中，y 是基准面上各点的坐标分量，为一常量，在如图 4-31 所示的坐标系中，$y = 0$，x 为任意值，上标有 " ' " 的角度表示与入射 P 波对应的入射角以及两个反射角，f_1、f_2 分别为 SV 波入射时所产生的 P 波和 SV 波幅值与入射波幅值的比例系数，g_1、g_2 分别为 P 波入射时所产生的 P 波和 SV 波幅值与入射波幅值的比例系数。结合 Snell 定律，则式（4-29）变为

$$f\left(t - \frac{x\sin\theta_0}{c_s}\right)(-\sin\theta_0 - f_1\cos\theta_1 - f_2\sin\theta_2)$$

$$+ g\left(t - \frac{x\sin\theta_0'}{c_p}\right)(\cos\theta_0' - g_1\cos\theta_1' - g_2\sin\theta_2') = 0 \quad (4\text{-}30)$$

若使上式对于任意 x 成立，须令 SV 波、P 波同时传到自由面，其入射角需满足如下关系：

$$\frac{\sin\theta_0}{c_s} = \frac{\sin\theta_0'}{c_p} \quad (4\text{-}31)$$

则

$$g\left(t - \frac{x\sin\theta_0'}{c_p}\right) = \frac{\sin\theta_0 + f_1\cos\theta_1 + f_2\sin\theta_2}{\cos\theta_0' - g_1\cos\theta_1' - g_2\sin\theta_2'} f\left(t - \frac{x\sin\theta_0}{c_s}\right) = f_v f\left(t - \frac{x\sin\theta_0}{c_s}\right)$$

$$(4\text{-}32)$$

式中，$f_v = \dfrac{\sin\theta_0 + f_1\cos\theta_1 + f_2\sin\theta_2}{\cos\theta_0' - g_1\cos\theta_1' - g_2\sin\theta_2'}$。

入射波系在自由面所产生的水平向地震动与设计地震动水平分量相等，即

$$u_h(t - t_i) = f\left(t - \frac{x\sin\theta_0}{c_s}\right)\left[(\cos\theta_0 + f_1\sin\theta_1 - f_2\cos\theta_2)\right.$$
$$\left. + f_v(\sin\theta_0' + g_1\sin\theta_1' - g_2\cos\theta_2')\right] \tag{4-33}$$

则 $t_i = \dfrac{x\sin\theta_0}{c_s}$，

$$f\left(t - \frac{x\sin\theta_0}{c_s}\right) = f_{sh}u_h\left(t - \frac{x\sin\theta_0}{c_s}\right) \tag{4-34}$$

式中，$f_{sh} = (\cos\theta_0 + f_1\sin\theta_1 - f_2\cos\theta_2) + f_v(\sin\theta_0' + g_1\sin\theta_1' - g_2\cos\theta_2')^{-1}$。

入射平面 P 波可由式（4-32）确定。然后结合波的传播理论，斜入射 SV 波和 P 波共同产生的自由波场就可解析获得，该波场在自由表面各点竖向地震动为 0，水平向地震动与设计地震动分量相同，且具有非一致特性。

同样采用相同的思路，半空间自由表面参考点的设计地震动竖向分量为 $u_v(t)$ 时，可令两条波共同作用下产生自由面地震动水平分量为 0，竖向分量为 $u_h(t - t_i)$，可得入射波幅值存在如下关系：

$$f\left(t - \frac{x\sin\theta_0}{c_s}\right) = f_h g\left(t - \frac{x\sin\theta_0'}{c_p}\right) \tag{4-35}$$

式中，$f_h = \dfrac{\sin\theta_0' + g_1\sin\theta_1' - g_2\cos\theta_2'}{-\cos\theta_0 - f_1\sin\theta_1 + f_2\cos\theta_2} g\left(t - \dfrac{x\sin\theta_0'}{c_p}\right)$。

$$g\left(t - \frac{x\sin\theta_0'}{c_p}\right) = g_{pv}u_v\left(t - \frac{x\sin\theta_0'}{c_p}\right) \tag{4-36}$$

式中，$g_{pv} = \left[f_h(-\sin\theta_0 - f_1\cos\theta_1 - f_2\sin\theta_2) + (\cos\theta_0' - g_1\cos\theta_1' - g_2\sin\theta_2')\right]^{-1}$。

满足式（4-35）、式（4-36）的自由波场在自由表面各点的竖向地震动响应与设计地震动竖向分量相同，且各点运动存在时间差，同样具有非一致特性。

图 4-32 给出了不同入射角度和泊松比情况下，斜入射 SV 波对于自由面处水平向分量和竖向分量的贡献比例。由图可知，当入射角为 0 时，对于自由面处水平向分量完全由 SV 波产生，对竖向分量贡献为 0，也就是说自由面处竖向分量完全由 P 波产生，对水平分量贡献为 0，这就对应垂直入射时的情况。可见，垂直入射的情况是一个特例。

在均匀地基条件下，斜入射地震波产生的总波场可解析获得。当同时考虑两向（或三向）地震动时，分别将设计地震动分量进行分解，然后将所产生波场叠加，该总波场在自由面所产生的地震动响应能够反映设计地震动特征，且自由面各点的运动具有非一致性。

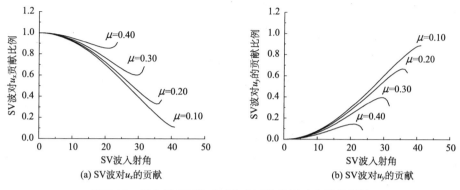

图 4-32　斜入射 SV 波对于自由面处地震动分量的贡献

SV 波发生波型转换时，入射角存在一个临界角 θ_{cr}，当 $\theta_0 > \theta_{cr}$ 时，会产生非均匀波，考虑到由于地壳介质的密度由地表往下随地层深度而增大，按物理学中波在不同介质中传播的折射和反射定律，由地壳深部往地表传播的地震波，其入射角将逐渐减小，所以文中的 SV 波入射角均在 $\theta_0 \leqslant \theta_{cr}$ 内选取。

4.4.2　数值验证

以二维半空间问题验证上述斜入射地震波方法的正确性，见图 4-33。设自由表面处参考点 O 的设计地震动水平位移如式（4-37）。所构造的 SV 波和 P 波从左下方入射，SV 波入射角为 15°。对应 P 波入射角为 26.63°，以参考点 O 为表面中心截取长 762 m、深 381 m 的计算区域，用四结点单元剖分，单元的尺寸为 15.24 m，单元数为 1250，底边及侧边采用一致黏弹性边界单元。介质的弹性模量 $E = 1.392 \times 10^7$ Pa，泊松比 $\mu = 0.25$，介质密度 $\rho = 2.7$ kg/m³，波速为 $c_s = 1400$ m/s，$c_p = 2425$ m/s。总时间为 2 s，时间步长取为 0.005 s。

$$u(t) = \begin{cases} 2\sin[4\pi(t - t_0)] - \sin[8\pi(t - t_0)], & t_0 \leqslant t \leqslant t_0 + 0.5\mathrm{s} \\ 0, & t > 0.5\mathrm{s} \end{cases}$$

（4-37）

经过计算得到自由表面观测点 A（-381，0）、O、B（381，0）的 x 向位移时程，与相应解析解对比如图 4-34 所示。以式（4-37）为参考点设计地震动竖向分量，水平分量为 0 时，构造斜入射 P 波、SV 波，当 P 波入射角为 30°时，SV 波入射角为 16.78°，经计算自由表面观测点 A、O、B 的竖向位移时程与相应解析解的对比如图 4-35 所示。

从图 4-34、图 4-35 可见，按文中方法构造的斜入射地震波输入下，三个观

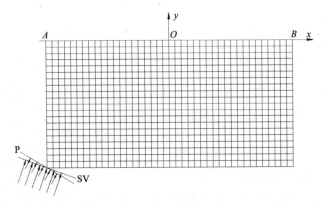

图 4-33 二维弹性半空间模型

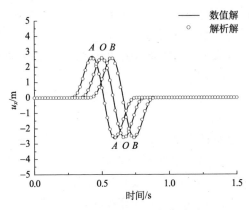

图 4-34 观测点的水平向位移时程

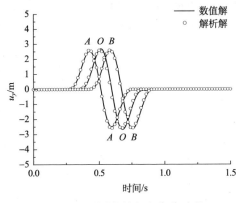

图 4-35 观测点的竖向位移时程

测点的位移响应与设计地震动基本相同，其中观测点 O 的位移响应与设计地震动完全相同；三个点位移时程的波形相同，只是发生先后不同，这主要是由于斜入射波到达各点的时间不同所引起的。

4.4.3　工程应用

选取金安桥重力坝的 $8^\#$ 厂房坝段进行研究，厂房坝段横缝之间的长度为 34 m。按平面有限元进行动力分析，考虑到实际模型的复杂性，没有考虑厂房和坝后背管的影响。坝基范围选取从坝踵、坝趾分别向上游和下游取一倍坝高，深度约为 1.5 倍坝高。坝体及地基采用四结点平面应变单元，厂房坝段模型中结点总数为 2438，单元数为 2317，其中在地基边界设置黏弹性边界单元。坝体-地基的有限元模型如图 4-36 所示。坝体混凝土材料参数为：弹性模量 33.15 GPa，泊松比 0.167，容重 26.0 kN/m³；基岩弹性材料参数为：弹性模量 23.4 GPa，泊松比 0.25，基岩容重 27.0 kN/m³。

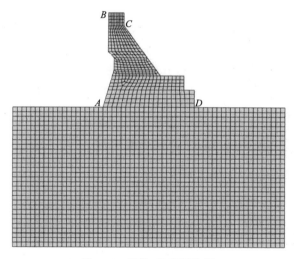

图 4-36　坝体-地基网格图

计算水平向地震作用下的空库响应，地震持续时间为 10 s，计算时间步长为 0.0025 s。将等效地震荷载以相互作用力的形式由地基边界输入。为比较地震波不同入射角度对坝体动力响应的影响，按前文所述方法构造斜入射波系，设计了 3 种方案：①SV 波 0°入射，即垂直入射；②SV 波 10°入射，对应 P 波 17.50°入射；③SV 波 20°入射，对应 P 波 36.33°入射。没有重力坝的情况下，三种地震波入射方案在建基面中心点响应如图 4-37 所示。

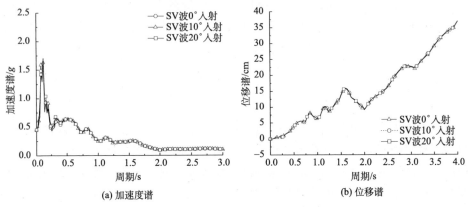

图 4-37　建基面中心点响应

表 4-17 详细列出了坝体关键部位的动应力响应峰值，从表中可以看出，考虑地震波斜入射时，坝体的响应与垂直入射时有明显的差异，而对坝踵、坝趾部位的影响较为明显，其中方案③入射角较大时的主拉应力和主压应力峰值最大，说明地震波斜入射对结构的影响是不可忽略的；坝体中上部的动力响应三种方案相差不大，甚至存在小于垂直入射的情况（如 C 点的主压力），这与非均匀输入对结构-地基交界面影响较大、而对其他部位影响不明显的结论相一致，主要是因为非均匀输入情况下引起的"拟静模态"导致坝体局部应力的显著增大。

表 4-17　坝体关键部位动应力响应峰值比较

坝体关键部位	响应峰值/MPa	方案①	方案②	方案③
A	σ_1	3.326	3.747	4.000
	σ_3	−3.022	3.377	−3.828
B	σ_1	0.095	0.089	0.065
	σ_3	−0.075	−0.084	−0.087
C	σ_1	2.520	2.249	2.511
	σ_3	−2.976	−2.337	−2.020
D	σ_1	1.835	1.553	1.582
	σ_3	−2.146	−1.752	−2.069

图 4-38 列出了坝踵处 A 点的主拉应力和主压应力时程曲线，地震波斜入射情况下，主应力的变化趋势与垂直入射时相同，只是在多数时刻极值较大，方案③入射角较大时极值最大。

采用均匀地基的假设，地基参数存在很大非确定性，为了比较地基弹性模量对地震波斜入射条件下重力坝动力响应的影响，分别采用 $E_f = 15$ GPa、

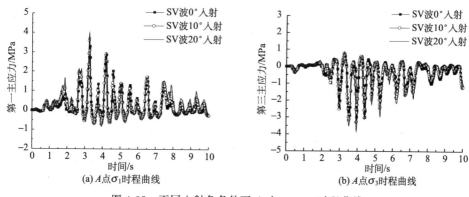

(a) A 点 σ_1 时程曲线　　　(b) A 点 σ_3 时程曲线

图 4-38　不同入射角条件下 A 点 σ_1、σ_3 时程曲线

$E_f = 10\ \text{GPa}$ 两种地基弹性模量（动弹模），计算了地震波不同入射角下重力坝的动力响应，地震波入射方案与前文相同。

表 4-18　坝体关键部位动应力响应峰值比较（$E_f = 15\ \text{GPa}$）

坝体关键部位	响应峰值/MPa	方案①	方案②	方案③
A	σ_1	3.270	3.146	3.524
	σ_3	−3.200	−3.530	−3.711
B	σ_1	0.054	0.061	0.053
	σ_3	−0.054	−0.054	−0.057
C	σ_1	1.771	1.460	1.475
	σ_3	−1.512	−1.392	−1.586
D	σ_1	2.005	1.808	1.592
	σ_3	−1.778	−1.454	−1.647

表 4-19　坝体关键部位动应力响应峰值比较（$E_f = 10\ \text{GPa}$）

坝体关键部位	响应峰值/MPa	方案①	方案②	方案③
A	σ_1	1.796	2.100	3.138
	σ_3	−2.565	−2.797	−3.764
B	σ_1	0.040	0.046	0.047
	σ_3	−0.042	−0.054	−0.066
C	σ_1	1.476	1.500	1.590
	σ_3	−1.067	−1.024	−1.654
D	σ_1	1.754	1.606	1.915
	σ_3	−1.077	−0.828	−1.086

　　表 4-18、表 4-19 详细列出了坝体关键部位的动应力峰值，从表中可以看出，由于地基辐射阻尼在弹性模量越小时结构响应峰值影响越大，所以随着地基弹性模量降低，各关键部位的响应峰值也有所减小，但地震波斜入射对坝体结构的动力响应影响规律是一致的：在坝-基交界面处动力响应峰值较大，尤其是坝踵部位最为明显；坝体中上部影响相对较小，且方案③对结构的影响较大。可见地震波斜入射时对重力坝结构的影响是明显的，尤其是坝-基交界面上，结构的动力响应要大于地震波垂直入射时结构的动力响应。如果按照垂直入射条件下的计算结果进行设计和处理，结构将偏于不安全。

4.5　高碾压混凝土重力坝层面抗滑稳定

　　由于碾压混凝土坝是分层碾压施工而成，而坝的施工浇筑的热升层通常只有 30 cm 左右，施工间歇的冷升层为 150～300 cm，这就使得碾压混凝土坝存在大量的水平施工层面以及层间的间隙面，如果设计或者施工处理不当的话，这些水平施工层面以及层间的间隙面就有可能成为碾压混凝土坝抗滑稳定的薄弱部位。碾压混凝土层面原位抗剪试验是提供层面抗剪参数的主要试验方法，可以为碾压混凝土坝设计及施工提供科学依据；同时，层面的抗剪强度参数也是数值分析碾压混凝土重力坝层面抗滑稳定的重要参数。本节依据金安桥碾压混凝土重力坝原位抗剪断试验的真实强度参数，基于连续介质力学的内聚力模型，提出了碾压混凝土典型层面抗滑稳定分析模型，并采用该模型模拟了碾压混凝土重力坝浇筑层面在地震荷载下的抗滑稳定性。

4.5.1　碾压混凝土层面原位抗剪断试验

　　试验仪器设备系统主要由加荷、传力、量测三大部分组成，其试验装置示意图见图 4-39。
　　加荷系统：由液压千斤顶、高压油泵、压力表、高压软管组成。
　　传力系统：由传力柱、反力支架、承压板、滚轴排等组成。
　　量测系统：由大行程百分表、磁性表座、表座支架组成。
　　其他：数码相机、记录设备、液压油、地质描述及安装等工具。
　　测试方法按《水利水电工程岩石试验规程》（SL 264—2001）及《水工混凝土试验规程》（SL 352—2006）的有关规定进行。试验采用平推法，剪切方向与坝体实际受力方向一致。
　　垂直荷载的施加方法。碾压混凝土现场原位抗剪试验的最大正应力为 3.0 MPa，现场原位抗剪断试验采用多点峰值法，每组 5 块试件，最大正应力

3.0 MPa，5 块试件的正应力初步设定为 0.6 MPa、1.2 MPa、1.8 MPa、2.4 MPa、3.0 MPa。每块试件的垂直荷载分 3～5 级施加，每加一级垂直荷载，经 5 min 测读一次垂直变形，即可施加下一级荷载。加到预定荷载后，当连续两次垂直变形读数之差不超过 0.01 mm 时，认为已达到稳定要求，即可开始施加水平剪切荷载。

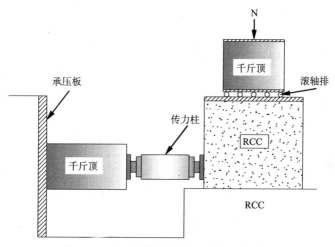

图 4-39　层面原位抗剪断试验装置示意图

剪切荷载的施加方法。开始按照预估最大剪切荷载的 8%～10% 分级均匀等量施加，当所加荷载引起的水平变形为前一荷载变形的 1.5 倍时（或视具体情况确定），荷载减半按 4%～5% 施加，直至剪断。荷载的施加方法以时间控制，每 5 分钟一次，每级荷载施加前后各读变形值一次；临近剪断时，密切注视和测记压力变化及相应的水平变形（压力及变形同步观测）。在整个剪切过程中，垂直荷载始终保持为常数。

试验过程中，随时记录试验中发生的调表、换表、碰表、千斤顶漏油、补压、混凝土松动、掉块等情况。

试验完毕后，翻转试块，对剪断面的物理特征如破坏形式、起伏情况、剪断面面积等进行描述和测算，并进行拍照。

金安桥碾压混凝土重力坝原位抗剪断试验共分 6 组，每组 5 块试件。图 4-40 分别给出了 6 组试验在各级垂直荷载下剪切面上的应力和相应变形的关系曲线。

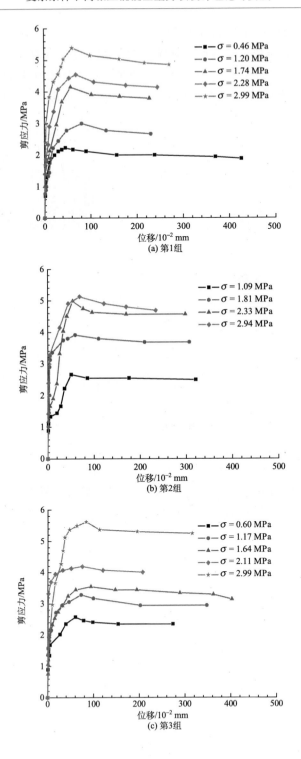

(a) 第1组

(b) 第2组

(c) 第3组

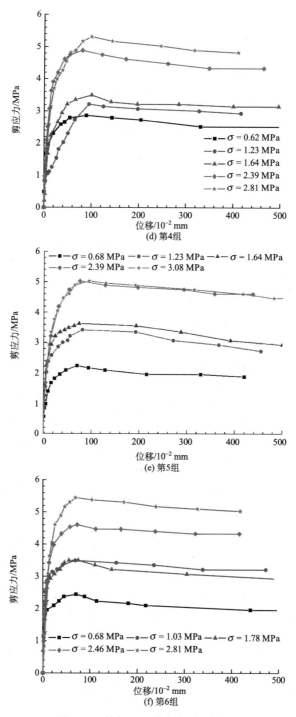

(d) 第4组

(e) 第5组

(f) 第6组

图 4-40　剪切面上剪应力-变形关系

从实验结果看，在达到剪切破坏前，可认为剪切应力与剪切位移在弹性范围内变化，卸载后剪切位移可以恢复；在达到剪切应力最值后，即使卸载，剪切位移也会持续增大，刚度退化。法向正应力增大时，试件的极限剪应力也会增加。在以下数值模拟中，认为在剪切破坏前，剪应力和剪切位移的关系为线性的，根据极限剪应力大小与此时的剪切位移值可以确定一定常的切向刚度值，在剪切破坏后，采用指数型的刚度退化准则。

4.5.2 内聚力本构模型

由于碾压混凝土层面为无厚度的面，层面本构模型用层面内聚力和层面位移间距之间的关系来表示。如图 4-41 所示，A、B 原来重合于一点，层面受力后，

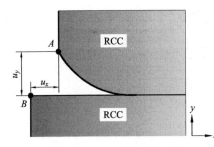

图 4-41 层面的位移间距

这对点可能发生分离，它们沿 x（切向）和 y 方向（法向）之间的位移间距分别为 u_x 和 u_y。

当层面未发生抗剪破坏时，层面内聚力和层面位移间距之间的关系为

$$\begin{cases} T_x = k_x u_x \\ T_y = k_y u_y \end{cases} \quad (4\text{-}38)$$

式中，T_x 为层面切向内聚力，N；k_x 为层面切向刚度系数，N/m；T_y 为层面法向内聚力，N；k_y 为层面法向刚度系数，N/m；u_x 为层面切向位移间距，m；u_y 为层面法向位移间距，m。图 4-42 给出了内聚力模型在 y 方向上位移间距示意图。

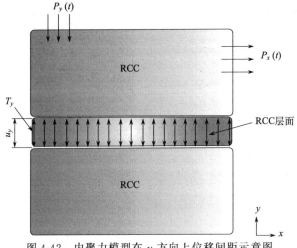

图 4-42 内聚力模型在 y 方向上位移间距示意图

当层面发生剪切破坏时，基于损伤力学的观点，引入损伤因子 D（$0 \leqslant D \leqslant 1$）表征层面内部损伤的程度，$D = 0$ 代表层面完好无损，$D = 1$ 代表层面内聚力完全失效。基于指数型的刚度退化准则，损伤变量 D 的表达式为

$$D = 1 - \frac{u_0}{u_{\max}} \left[1 - \frac{1 - \mathrm{e}^{\frac{-\alpha(u_{\max} - u_0)}{u_f - u_0}}}{1 - \mathrm{e}^{-\alpha}} \right] \tag{4-39}$$

式中，u_0 为损伤开始出现时位移临界值；$u_{\max}$ 为加载历史中的位移最大值；u_f 为层面内聚力完全失效时的位移值；α 为一量纲一参数。

采用最大应力准则作为层面出现损伤的判别准则，即

$$\max\left\{ \frac{T_x}{T_x^0}, \ \frac{\langle T_y \rangle}{T_y^0} \right\} \geqslant 1 \tag{4-40}$$

式中，$\langle \ \rangle$ 为单侧条件，当 $\langle \ \rangle$ 中的变量取正值时，函数就取 $\langle \ \rangle$ 中的值，当 $\langle \ \rangle$ 中的变量为负值时，函数取值为零；T_x^0 为纯切向位移间距情况下的层面切向峰值内聚力；T_y^0 为纯法向位移间距情况下的层面法向峰值内聚力。由式 (4-38) 得到层面出现损伤时的层面内聚力和层面位移间距之间的关系为

$$T_x = (1 - D)\overline{T}_x \tag{4-41}$$

和

$$T_y = \begin{cases} (1 - D)\overline{T}_y, & \overline{T}_y \geqslant 0 \\ \overline{T}_y, & \overline{T}_y < 0 \end{cases} \tag{4-42}$$

式中，$\overline{T}_x$ 为不考虑层面损伤时的预测的弹性层面切向内聚力；$\overline{T}_y$ 为不考虑层面损伤时的预测的弹性范围内的层面法向内聚力。

由式 (4-38)、式 (4-39)、式 (4-41) 和式 (4-42)，可得到考虑层面损伤时的内聚力本构模型，如图 4-43 所示。

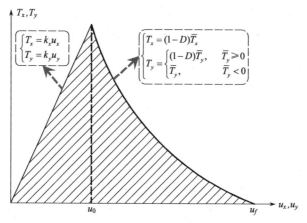

图 4-43　考虑层面损伤时的内聚力本构模型

4.5.3　模型参数校准

为了验证上述本构模型的正确性，并确定内聚力本构模型的参数，通过对现场原位抗剪断试验的一块小试件进行数值建模，对比数值结果与试验结果。现场原位抗剪断试验试件的结构尺寸为 50 cm×50 cm×50 cm，数值模拟采用二维平面应变问题并将试件离散成 24×24 的网格，见图 4-44。

数值计算采用的参数为：RCC 弹性模量 $E=2\times10^{10}$ Pa，泊松比 $\mu=0.167$，质量密度 $\rho=2400$ kg/m³。施加的荷载包括试件自重、法向压力 σ，施加的切向压力大小可保证 RCC 层面的剪应力大小从 0 变化到最大值 τ_{ult}（τ_{ult} 为现场原位抗剪断试验测定的 RCC 的极限抗剪强度）。RCC 层面采用前述内聚力本构模型模拟，层面切向刚度系数 $k_y=\tau_{ult}/u_{ult}$（极限抗剪强度 τ_{ult} 对应的剪切位移即为 u_{ult}），由于这里仅考虑层面的抗滑稳定，层面法向刚度系数取为 10^{12} N/m 的量级，纯切向位移间距情况下的层面切向峰值内聚力 $T_x^0=\tau_{ult}$，式（4-39）中量纲一参数 $\alpha=0.01$，α 取值在 10^{-2} 到 10^{-4} 之间时可使图 4-43 中的下降段变化平缓，与现场原位抗剪断试验结果较为一致，且在此区间变化时可保证数值计算的收敛性较好。

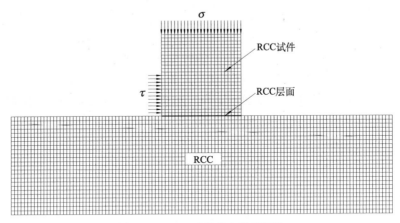

图 4-44　RCC 试件的有限元网格

图 4-45 给出了数值计算的不同正应力情况下（$\sigma=2.284$ MPa，$\sigma=1.743$ MPa 以及 $\sigma=1.198$ MPa），剪应力 τ 与剪切位移 u_s 的关系曲线，并与试验结果进行对比，两者的变化趋势较为一致，从而可以验证数值计算方法的合理性。从以上分析可以看出，层面未发生剪切破坏时，数值计算的内聚力本构模型为切向内聚力与切向位移间距之间的关系为线性关系，故数值计算得到层面未发

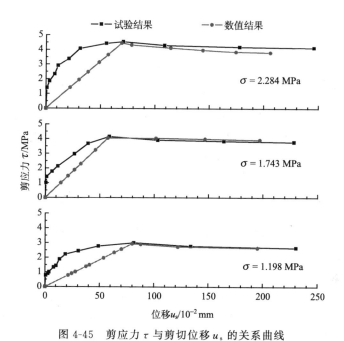

图 4-45　剪应力 τ 与剪切位移 u_s 的关系曲线

生剪切破坏时的剪应力 τ 与剪切位移 u_s 的关系曲线为一条直线。

4.5.4　重力坝层面抗滑稳定

　　基于前述内聚力本构模型，以金安桥碾压混凝土重力坝 $8^{\#}$ 厂房坝段为研究对象，选取 3 个典型层面，层面位置如图 4-46 所示，研究该坝段层面的抗滑稳定性。

　　建立金安桥碾压混凝土重力坝坝体-地基-库水动力相互作用数值模型，数值计算采用的有限元网格如图 4-47 所示，坝体-地基系统共 4002 个结点，3720 个单元，其中坝体单元数为 2784 个。考虑坝体自重、静水压力、扬压力、淤沙压力、地震荷载（设计加速度峰值 0.3995 g）以及动水压力作用，三个典型层面处的本构模型为前述考虑层面损伤的内聚力本构模型。动水压力按 Westergaard 附加质量法简化考虑，地基按无质量均匀地基模型考虑。

　　从以上现场原位抗剪断试验结果看，法向正应力的大小对极限剪应力有较大影响，对于层面抗滑稳定分析，如何确定层面的内聚力参数是个关键问题。如图 4-48 所示，三个典型层面处的法向正应力主要来源于考察的层面高程以上筑坝的大体积混凝土的自重，假定混凝土自重均匀分布在考察的层面上，可以计算出

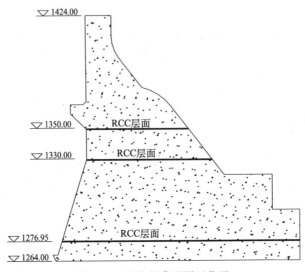

图 4-46　选取的典型层面位置

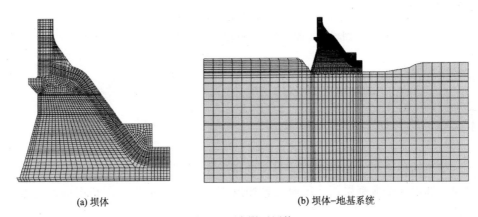

(a) 坝体 　　　　　　　　　(b) 坝体-地基系统

图 4-47　有限元网格

层面处的近似法向正应力大小，这里考察的三个典型层面处的法向正应力分别为 0.95 MPa、1.21 MPa 和 1.70 MPa。

根据计算的层面处的法向正应力 σ 大小以及现场原位抗剪断试验结果，可以查到不同正应力对应的剪应力 τ-剪切位移 u_s 关系曲线。未发生剪切破坏时，内聚力本构模型的层面切向刚度系数 k_x 可根据极限剪应力 τ_{ult} 及极限剪应力下对应的剪切位移 u_s 确定，即 $k_x = \tau_{ult}/u_s$；层面法向刚度系数由于缺少试验数据，按 $k_y = k_x$ 考虑；表征层面发生剪切破坏的切向内聚力峰值 T_x^0 取为极限剪应力 τ_{ult}；量纲一参数取为 $\alpha = 0.01$。数值计算采用的典型层面处内聚力本构模型的参数如表 4-20 所示。

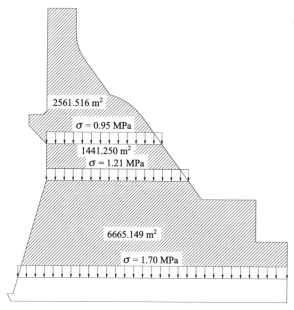

2561.516 m²

$\sigma = 0.95$ MPa

1441.250 m²

$\sigma = 1.21$ MPa

6665.149 m²

$\sigma = 1.70$ MPa

图 4-48　层面处的法向正应力

表 4-20　各典型层面处的内聚力本构模型参数

序号	层面高程/m	K_x/(N/m)	K_y/(N/m)	T_x^0/Pa	α
1	1350.00	5.06×10^9	5.06×10^9	3.49×10^6	0.01
2	1330.00	3.68×10^9	3.68×10^9	3.68×10^6	0.01
3	1276.95	7.10×10^9	7.10×10^9	4.15×10^6	0.01

碾压混凝土重力坝层面抗滑失稳破坏主要是由于层面可能会发生脱层破坏，即层面的切向位移间距和法向位移间距过大。为了研究碾压混凝土重力坝层面的抗滑稳定安全度，对不同峰值加速度下层面的位移间距进行了分析。图 4-49 给出了不同峰值加速度下（将金安桥碾压混凝土重力坝厂房坝段设计峰值加速度 0.3995 g 放大 1 倍、2 倍、4 倍、6 倍、8 倍和 10 倍得到）层面位移间距的最大值。从图中可以看出，在设计峰值加速度 0.3995 g 情况下，三个典型层面的切向位移间距和法向位移间距均很小，层面具有较好的黏结性，不会发生脱层破坏。当峰值加速度继续放大到 4 倍时，只有 1276.95 m 高程层面处有一定的切向位移间距，但数值很小（小于 5 cm），层面的抗滑稳定仍然可以得到保障。继续放大峰值加速度到 6 倍时，1330.00 m 高程处的层面开始发生脱层，且该层面处的切向位移间距和法向位移间距均较 1276.95 m 高程处层面大，1330.00 m 高程处层面的法向位移间距达到 3 cm。继续放大峰值加速度到 8 倍、10 倍时，层面

切向位移间距和峰值加速度成正比例增加，而法向位移间距呈非线性变化，不随峰值加速度增加而增加，具有一定的随机性，但是这点对层面抗滑稳定安全度的评价没有太大影响。图 4-50 给出了峰值加速度放大 10 倍时典型层面处的切向位移间距和法向位移间距时程。

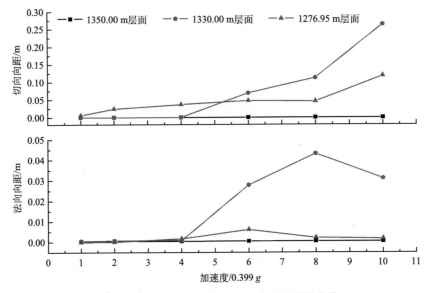

图 4-49　不同加速度峰值下层面位移间距最大值

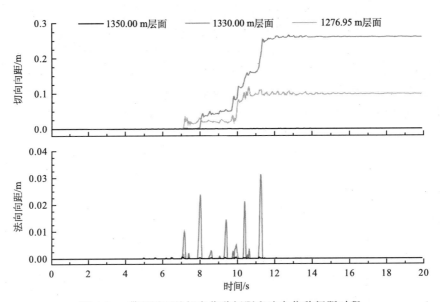

图 4-50　典型层面处切向位移间距和法向位移间距时程

从以上分析结果看，1330.00 m 高程处和 1276.95 m 高程处的层面在峰值加速度放大到 6 倍时发生了不同程度的损伤，而 1350.00 m 高程处的层面未出现损伤。相比而言，1330.00 m 高程处的层面损伤最为严重，为计算的三个典型层面中的最不利层面。地震荷载下厂房坝段的上部响应较大，但是层面发生损伤的起因是由于考察的层面上、下两个分离的混凝土块体之间的相对运动产生的，当由于外荷载的作用效应产生的这两个分离块体之间的响应变化规律协调一致时，层面就不会出现较大的损伤，这正是 1350.00 m 高程处的层面未出现损伤的原因。

图 4-51 给出了两个出现损伤的层面在设计峰值加速度放大 10 倍时层面损伤的演化过程（图中层面处颜色较深的部位即为损伤部位），对于 1330.00 m 高程，在峰值加速度临近时，上游坝面折坡处最先出现损伤，下游坝面处也相继出现较轻微的损伤，逐渐向坝体的中间部位扩展，在地震结束以后，整个层面均出现损伤。1276.95 m 高程处的层面，最先出现损伤的部位为层面靠近下游坝面部位，并向下游面延伸，同时上游坝面处也出现损伤，并逐渐向坝体中部扩展。两个层面处损伤发展的过程有所不同，但是损伤均从层面的靠近上、下游坝面的部位开始，逐渐向坝体中部延伸。

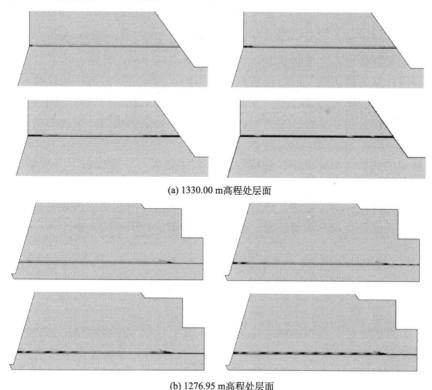

(a) 1330.00 m高程处层面

(b) 1276.95 m高程处层面

图 4-51　层面损伤演化过程

4.6　有损坝体的极限抗震能力及抗震加固措施

以金安桥混凝土重力坝工程为分析对象，首先通过非线性动力分析方法研究该坝在强震作用下的破坏模式及可能产生裂缝的部位，其次根据计算的损伤位置设置初始裂缝，基于 ABAQUS 平台及其二次开发功能，通过接触算法，模拟预留缝的相互作用，建立坝体-地基-库水动力相互作用模型，重点研究受损坝体的极限抗震能力，并初步研究了常规的钢筋加固对坝体破坏的影响。

4.6.1　计算模型

建立坝体-地基-库水动力相互作用模型，坝体部分预留可能的贯穿性裂缝位置，考虑缝处的接触非线性特性；地基按无质量无阻尼地基简化考虑；对于库水部分，忽略库水的可压缩性，按现行规范推荐的附加质量法近似模拟。

由于接触面之间的运动学和动力学条件事先无法确定，决定了接触问题必须采用增量的方法求解，在每个增量步的开始检查所有接触点对的接触状态，判断它们之间的开合状态，对于张开状态，撤销约束条件；对于闭合状态，进一步判断是处于黏着状态还是滑移状态，不同的状态对应不同的算法；然后进行迭代求解并利用计算的修正值(位移)更新模型的构形，同时进行力的平衡检验，在此之前检验接触点对的接触状态是否发生变化，若任何结点在迭代后法向间隙变为零或负值，其接触状态从张开变为闭合；若接触压力成为负值，则接触状态由闭合变为张开。

裂缝的两个表面构成动接触模型的两个接触面，分别称为主面和从面，主、从接触面上相互接触的两个点构成接触点对，分别称为击打点和靶点，击打点与靶点的连线方向即为接触的法线方向，两者之间沿法向和切向的相对位移则表征了法向的开度以及切向的滑移量。该动接触模型的法向本构关系为

$$
\begin{cases}
\dfrac{\mathrm{d}p}{\mathrm{d}h}=k, & h \geqslant 0 \\[2mm]
\dfrac{\mathrm{d}p}{\mathrm{d}h}=0, & h < 0
\end{cases}
\tag{4-43}
$$

式中，h 为接触面之间的相对位移（以嵌入为正）；p 为接触点对上的接触压力；k 为裂缝面的法向接触刚度，可取一大值。式（4-43）反映了由于法向开度的微小摄动引起的法向接触力变化，即法向的刚度贡献。

切向接触特性采用常规的库仑摩擦模型进行模拟。当切向摩擦应力 τ 小于临界应力 τ_{crit} 时，库仑摩擦模型假定接触点对之间不发生相对运动，其中 $\tau_{crit}=\mu p$，

μ 为动摩擦系数，p 为法向接触压力。这种接触状态对应弹性黏着状态，弹性滑移量与接触面剪应力之间满足

$$\tau = k_s \gamma^{el} \tag{4-44}$$

式中，γ^{el} 代表当前增量步结束时的弹性滑移；$k_s = \tau_{crit} / \gamma_{crit}$，为当前增量步接触点对之间的黏着刚度；$\gamma_{crit}$ 取为接触单元平均长度的 0.5%。对于弹性黏着状态，弹性滑移量 γ^{el} 即为当前增量步总滑移量 γ，式（4-44）的增量表达形式为

$$d\tau = k_s d\gamma + \frac{\tau}{\tau_{crit}} \mu dp \tag{4-45}$$

由式（4-45）可推导出由于切向滑移以及法向开度的微小摄动引起的切向接触力的变化公式，即切向的刚度贡献为

$$\begin{cases} \dfrac{d\tau}{d\gamma} = k_s \\[3mm] \dfrac{d\tau}{dh} = \dfrac{\tau}{\tau_{crit}} \mu \dfrac{dp}{dh} \end{cases} \tag{4-46}$$

当切向摩擦应力 τ 超过临界应力 τ_{crit} 时，为保证 $\tau = \tau_{crit}$ 仍然成立，接触点对之间将发生滑移。用 $\bar{\gamma}^{el}$ 代表当前增量步开始状态的弹性滑移；γ^{el} 代表当前增量步结束时的弹性滑移；滑移增量为 $\Delta\gamma^{sl}$，因此，可得到当前增量步总滑移量为

$$\Delta\gamma = \gamma^{el} - \bar{\gamma}^{el} + \Delta\gamma^{sl} \tag{4-47}$$

由 $\tau = \tau_{crit} = \mu p$ 可推导出由于切向滑移以及法向开度的微小摄动引起的切向接触力变化公式，即切向的刚度贡献为

$$\begin{cases} \dfrac{d\tau}{dh} = \mu \dfrac{dp}{dh} \\[3mm] \dfrac{d\tau}{d\gamma} = 0 \end{cases} \tag{4-48}$$

对于常规钢筋加固的模拟，考虑实际坝体结构中布置钢筋的几何接触关系及局部力学特性比较复杂，数值模拟难以考虑得面面俱到。因此，这里采用分离式钢筋混凝土模型，在缝处设置一种简化的杆单元模拟钢筋的力学特性，缝面闭合时，钢筋不起作用；缝面张开后，缝间拉应力完全由钢筋承担，钢筋的变形量与缝面之间的相对位移呈比例关系，若缝面之间的相对位移增加，钢筋的变形量也增加。

图 4-52 为二级热轧钢筋应力-应变曲线的基本特征，在理论计算时，通常简化成理想弹塑性模型。按现行规范，二级热轧钢筋抗拉强度为 $310 \ N/mm^2$，钢筋极限拉应变为 0.01。

图 4-53 给出了局部坐标系下钢筋单元模型示意图。局部坐标系下，连接缝两侧混凝土块体单元的钢筋单元的结点力与结点位移之间的关系式为

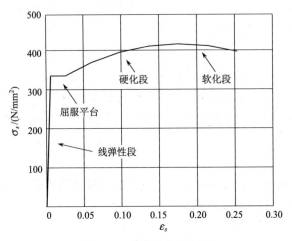

图 4-52 钢筋的力学性能

$$r_s^e = k_s^e u_s^e \tag{4-49}$$

式中，$u_s^e = [u_1^e \quad 0 \quad u_2^e \quad 0]^T$；$r_s^e = [r_1^e \quad 0 \quad r_2^e \quad 0]^T$。$r_s^e$ 为单元的等效结点力；

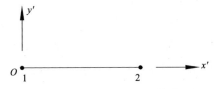

图 4-53 局部坐标系下钢筋单元

k_s^e 为单元刚度矩阵，有

$$[k^e] = \frac{EA}{l} \begin{bmatrix} 1 & 0 & -1 & 0 \\ 0 & 0 & 0 & 0 \\ -1 & 0 & 1 & 0 \\ 0 & 0 & 0 & 0 \end{bmatrix} \tag{4-50}$$

式中，E 为钢筋弹性模量；A 为钢筋截面面积；l 为钢筋自由段长度。

在整体坐标系中，钢筋单元的结点力与结点位移之间的关系为

$$\begin{bmatrix} R_{1x} \\ R_{1y} \\ R_{2x} \\ R_{2y} \end{bmatrix} = [T]^T [k_s^e] [T] \begin{bmatrix} U_{1x} \\ U_{1y} \\ U_{2x} \\ U_{2y} \end{bmatrix} \tag{4-51}$$

其中

$$[\boldsymbol{T}] = \begin{bmatrix} \cos\theta & \sin\theta & 0 & 0 \\ 0 & 0 & \cos\theta & \sin\theta \end{bmatrix} \tag{4-52}$$

式中，θ 为局部坐标系 x' 轴和整体坐标系 x 轴的夹角。

　　搜索寻找钢筋单元与混凝土单元的几何关系，当钢筋单元结点位于某一混凝土单元内时，自动耦合自由度；若钢筋单元结点与混凝土单元结点重合时，则二者结点自由度一致；若不重合，钢筋单元结点自由度由混凝土单元结点自由度插值得到。

4.6.2　数值模型验证

　　为了检验动接触模型的正确性，选用一个简单的系统：质量为 m 的积木块位于一个刚性的、倾角为 α 的斜面上（图 4-54），给定一个初始的上滑速度，当把积木块看做刚体时，由刚体接触理论可以确定该系统的解析解。

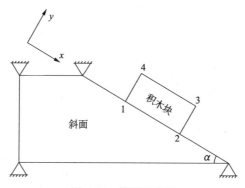

图 4-54　模型示意图

　　当积木块上滑时，积木块的运动速度和位移分别为

$$\begin{cases} \dot{x} = g[\sin\alpha - f\cos\alpha\,\mathrm{sgn}(\dot{x})]t + \dot{x}_0 \\ x = \dfrac{1}{2}g[\sin\alpha - f\cos\alpha\,\mathrm{sgn}(\dot{x})]t^2 + \dot{x}_0 t + x_0 \end{cases} \tag{4-53}$$

下滑时，其运动速度和位移分别为

$$\begin{cases} \dot{x} = g[\sin\alpha - f\cos\alpha\,\mathrm{sgn}(\dot{x})](t - t_0) \\ x = \dfrac{1}{2}g[\sin\alpha - f\cos\alpha\,\mathrm{sgn}(\dot{x})]t^2 + x_{t_0} \end{cases} \tag{4-54}$$

式中，x_0 为初始位移；$\dot{x}_0$ 为初始速度；t_0 为上滑速度减小为零时经历的时间；x_{t_0} 为 t_0 时刻的位移；f 为摩擦系数。

　　当把积木块看做弹性体时，如果变形不太大，可用刚体接触理论中的计算结果检验有限元数值结果。现在视积木块为弹性体，有限元计算时作为一个四边形单元，斜面为长度足够长的刚性斜面，运用前述动接触模型建立积木块-斜面系统，并与该模型的解析解比较。计算中所选用的参数为 $\alpha = 30°$，$m = 1.0$ kg，$g = 10$ m/s^2，积木块长 $L = 0.2$ m，宽 $H = 0.1$ m，$f = 0.3$，弹性模量 $E = 1000$ Pa，泊松比 $\mu = 0.3$，$x_0 = 10.807$ m，$\dot{x}_0 = -12$ m/s。图 4-55 分别给出了解析解和有限元数值解的积木块的运动速度和位移时程曲线，其中数值解取结点 1 的速度和位移。从图中可看出，数值解与解析解吻合较好，从而验证了文中动接触模型的正确性，可以用于实际工程分析。

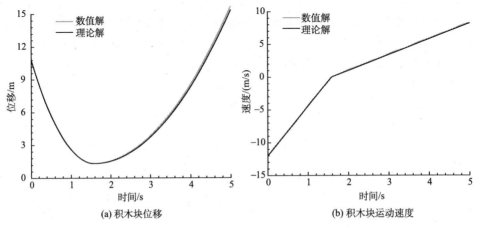

图 4-55　解析解与数值解比较

4.6.3　坝体极限抗震能力研究

图 4-56 给出了坝体的有限元计算模型，地基范围选取沿上、下游方向以及地基方向分别延伸 2 倍坝高，坝体和地基系统均采用四结点等参单元，其中 x 方向为顺河流向，y 方向为竖直方向，单元总数 3971 个，结点总数 4160 个。运用非线性动力有限元方法分析该坝段可能的破坏模式，考虑实际工程的坝体材料分区，坝体本构采用混凝土塑性损伤模型，考虑坝体自重、静水压力、扬压力、淤沙压力、地震荷载以及动水压力作用。

依据非线性动力分析方法，研究了坝体在 3 种峰值加速度下坝体损伤开裂的模式：① 设计峰值地面加速度 PGA = 0.3995 g；② 校核峰值地面加速度 PGA = 0.475 g；③ PGA = 0.6 g。图 4-57 给出了 3 种峰值加速度下坝体损伤开裂位置图。

从以上计算结果来看，坝体最终开裂损伤的位置主要集中在：①上游面坝踵

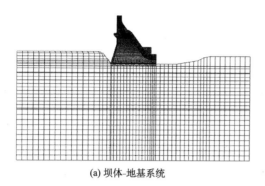
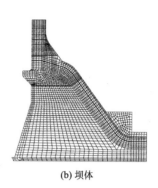

(a) 坝体-地基系统　　　　　　　　　　　　(b) 坝体

图 4-56　有限元网格

　0 0.1 0.2 0.3 0.4 0.5 0.6 0.7 0.8 0.9 1　　0 0.1 0.2 0.3 0.4 0.5 0.6 0.7 0.8 0.9 1　　0 0.1 0.2 0.3 0.4 0.5 0.6 0.7 0.8 0.9 1

(a) PGA=0.3995 g　　　　　　(b) PGA=0.475 g　　　　　　(c) PGA=0.6 g

图 4-57　坝体损伤位置

处；②上游面折坡处；③坝颈处。设计地震加速度下，坝体开裂损伤的区域很小，坝体是稳定安全的；在校核地震加速度下，坝颈处损伤较为严重，有可能形成一条贯穿坝颈的宏观裂缝；当 PGA 达到 0.6 g 时，坝颈处出现大范围损伤，坝踵以及上游折坡处的损伤区域也变大。坝体可能的破坏模式为从下游面坝颈处起裂，延伸至上游面，致使坝体头部产生一条贯穿性裂缝。

　　依据非线性动力分析结果，坝颈处最有可能形成贯穿性裂缝。因此，这里考虑坝颈处可能的两种失效模式的裂缝：①按照 4.6.3 节计算的坝颈处裂缝路径设置初始裂缝，见图 4-58(a)；②由于该坝为分层碾压浇筑，实际计算未考虑碾压混凝土的各向异性，而按均匀材料考虑，因此有可能存在层间薄弱面而形成一条水平裂缝，见图 4-58(b)。

　　根据拟定的初始裂缝位置，设置缝面之间的接触，采用前述动接触本构模型模拟缝面之间法向、切向的接触特性，摩擦系数取为 1.0。此外，由于上部脱离块体在强震作用下将发生大的滑移、翻转等运动模式，因此必须考虑缝处的几何

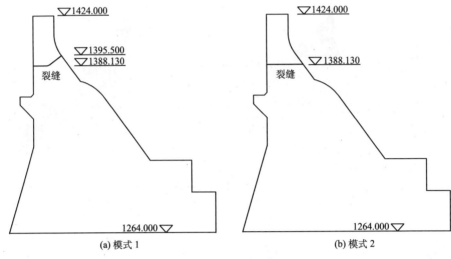

图 4-58　初始裂缝位置

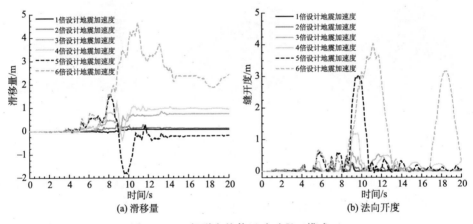

图 4-59　上部脱离块体运动时程（模式 1）

非线性和大变形运动。

　　为了研究有损坝体的极限抗震能力，将设计地震加速度分别放大 2 倍、3 倍……6 倍，研究有损坝体的地震响应，图 4-59 给出了模式 1 时输入地震动分别为 1 倍、2 倍……6 倍设计地震加速度时上部脱离块体的滑移时程以及上游面缝处的法向开度时程，图 4-60 给出了模式 2 时输入地震动分别为 1 倍、2 倍……5 倍设计地震加速度时上部脱离块体的滑移时程以及上游面缝处的法向开度时程，表 4-21 列出了各种工况下有损坝体的最大滑移量和最大开度。从计算结果看，折线裂缝（模式 1）有利于坝体的安全稳定。模式 1 时，当输入地震动放大 6 倍时，在地震后期，其滑移时程曲线和缝开度时程曲线均不能保持平稳变化，上部脱离块体向上游方向倾倒，图 4-61(a)给出了模式 1 时地震动放大 6 倍的坝体失稳过程；但是，从表 4-21 的数值看，当输入地震动放大 3 倍时，虽然在地震后期，上部脱离块体能够达到一个稳定的状态，其最大的滑移量以及开度均达到 50 cm 以上(缝处的断面宽 26.91 m)，此时坝体可能已经失稳。模式 2 时，当输入地震动放大 5 倍时，在地震后期，上部脱离块体的滑移量以及上游面缝处的法向开度均发生突变(这点可以从图 4-60 的曲线变化趋势看出)，上部脱离块体整体倒向下游，图 4-61(b)给出了模式 2 时地震动放大 5 倍的上部脱离块体的失稳过程，从图 4-60 可看出，模式 2 时，上部脱离块体的滑移量占主导地位，量值较缝开度大一个量级，滑移量达一定值时上部脱离块体即开始翻转而倒向下游，因此，坝失稳过程可分为两个阶段：滑移阶段和翻转阶段；从表 4-21 的数值看，当输入地震动放大 2 倍时，在地震后期，虽然上部脱离块体没有整体倒向下游，但其最大滑移量已达 1 m 以上，开度也达到 20 cm 以上，此时坝体可能已经失稳。综上所述，对于这种含贯穿性裂缝的有损坝体，其极限抗震能力为 2～3 倍设计地震动。

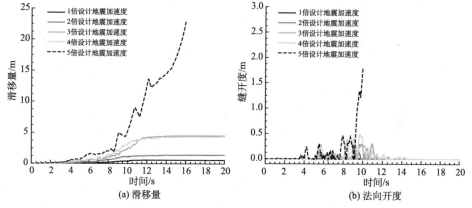

图 4-60　上部脱离块体运动时程（模式 2）

表 4-21　各工况下有损坝体的最大滑移量和开度

		工况					
		1 倍	2 倍	3 倍	4 倍	5 倍	6 倍
模式 1	最大滑移量/m	0.105	0.281	0.839	1.229	1.850	2.511
	最大开度/m	0.226	0.264	0.585	1.187	3.030	4.021
模式 2	最大滑移量/m	0.581	1.378	4.534	4.393	—	—
	最大开度/m	0.051	0.272	0.305	0.502	—	—

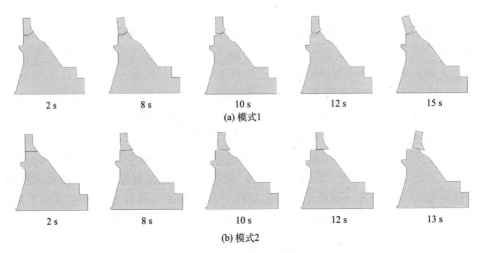

(a) 模式1

(b) 模式2

图 4-61　坝体失稳过程

有损坝体虽然具有较大的安全裕度，但是对于实际工程，其偶然的致灾因素较多。因此，对于实际工程，一旦遭遇地震而产生裂缝，必须引起足够的重视，对工程进行加固，常规的加固方式即是配筋加固，以模式 2 为探讨对象，地震动输入为设计地震加速度，初步研究了常规的钢筋加固对坝体破坏的影响。

对于含贯穿性裂缝的有损坝体，在裂缝处设置跨缝钢筋对于降低上部脱离块体的滑移量以及开度是有一定贡献的，有利于坝体的稳定。但是，在这种含裂缝的大体积混凝土里配置钢筋，要使钢筋能够产生作用，对于钢筋的用量以及钢筋的配置方式都有一定要求。研究发现，当钢筋能够限制上部脱离块体的滑移量以及开度时，其用量为上、下游面各配置 5 排 $\phi40@200$；且为保证钢筋的应力以及应变能够满足规范要求，必须采取一定的工程措施使缝处的钢筋有一定自由伸长量，这种情况类似于拱坝横缝配筋方式，自由伸长段过小，则裂缝处的钢筋应力很大，若自由伸长段过大，则配置的钢筋对于限制上部脱离块体的滑移量以及开度效果不好，文中钢筋自由伸长段为 2~3 m（图 4-62）。

图 4-63 给出了不同配筋方案下（表 4-22）上部脱离块体的运动时程，并与未配筋的结果比较。从图中可看出，在合理的配筋方式下，常规的钢筋加固可以减小有损坝体的地震响应，有利于坝体的安全稳定。

表 4-22　钢筋配置方案

方案	方案一	方案二	方案三	方案四
配筋方式	未配筋	5 排 $\phi36@200$	4 排 $\phi40@200$	5 排 $\phi40@200$

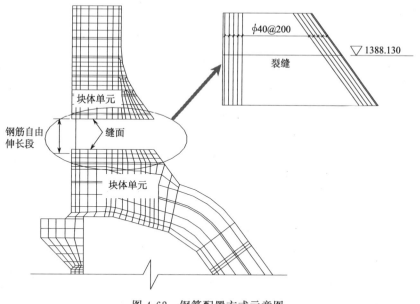

图 4-62　钢筋配置方式示意图

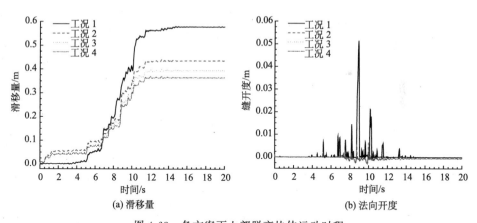

(a) 滑移量　　　　　　　　　　　　　(b) 法向开度

图 4-63　各方案下上部脱离块体运动时程

表 4-23 比较了不同配筋方案下有损坝体的地震响应，并与未配筋结果比较，从理论计算结果看，只有方案四（5 排 $\phi40@200$）是合理的配筋方案，可保证钢筋的应变量控制在极限抗拉应变 1‰ 范围内；在裂缝处配置一定量的跨缝钢筋可大幅减小缝处的开度，从数值看，裂缝处的法向开度可减小一个量级；对于上部脱离块体的滑移量也有一定限制，响应可减少 37.18%，但相比法向开度，钢筋对滑移量的限制作用大大减小；此外，从计算结果看，钢筋的截面积对于跨缝钢筋

应变量的影响更为显著，当钢筋直径由 36 mm 增加到 40 mm 时，钢筋应变量减小约 29.25%，而当钢筋量由 4 排增加到 5 排时，钢筋应变量仅减小约 13.22%。

表 4-23　不同配筋方案时有损坝体的地震响应

方案	方案一	方案二	方案三	方案四
最大滑移量/m	0.581	0.436	0.395	0.365
最大开度/m	0.051	0.0060	0.0065	0.0025
钢筋应变/%	—	1.234	1.006	0.873

第5章 碾压混凝土重力坝抗震动力模型试验

5.1 金安桥碾压混凝土重力坝断面模型试验

5.1.1 挡水坝段动力破坏试验

挡水坝段模型浇筑拆模后的形状见图5-1。

图5-1 挡水坝段模型浇筑成型图（A-1模型）

1）破坏状态和起裂加速度

不同地震输入水平下，加速度沿坝高的分布见图5-2。从图中可以看出，随着加速度水平的增加，坝顶的加速度放大倍数随之减小。

引起坝体不同部位破坏的加速度结果见表5-1；破坏部位及过程见图5-3。

从破坏状态来看，满库情况下挡水坝段首先在原型地震动输入峰值为0.484 g 时，从下游面坝头折坡处出现裂缝；继续激振，在原型地震动输入峰值为0.766 g 乃至1.629 g 时，裂缝沿下游面横向发展，先贯通下游面，再贯穿

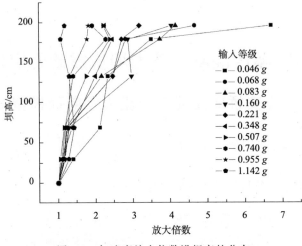

图 5-2　加速度放大倍数沿坝高的分布

上、下游坝体。

表 5-1　挡水坝段 A-1 模型破坏试验结果

编号	破坏位置	起裂加速度	
		模型	原型
1	下游坝头部折坡点出现裂缝，并向上游坝面开展	0.220 g	0.484 g
2	裂缝沿下游面横向发展，贯通下游面	0.348 g	0.766 g
3	裂缝贯穿上、下游坝体	0.740 g	1.629 g

2）应变反应

挡水坝段在坝踵、坝趾、上游折坡点处、下游面坝腰及坝头下游折坡点处各布置一个沿竖直方向、45°方向和水平方向张贴的三向应变片，由此可以计算出地震作用的各个时刻的主拉应力和主压应力。各个应变测试点在不同地震输入等级下的主拉应力及主压应力峰值变化见图 5-4～图 5-13。从中可以看出，在模型输入 0.22 g 时，随着坝头部开裂，坝踵处、上游折坡处、下游面坝腰（高）处以及坝头下游折坡处的应力均发生突变，表明随着局部仿真混凝土的开裂，坝体内的应力分布发生改变。其中，坝踵处和坝头下游折坡处的主拉应力达到或接近达到材料抗拉强度，在坝头开裂时处于高拉应力状态，这与试验现象吻合。

(a) 输入等级5 (0.22 g)

(b) 输入等级7 (0.348 g)

(c) 输入等级9 (0.74 g)

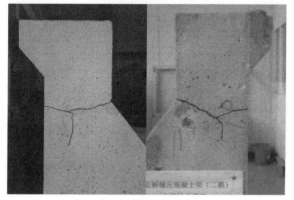
(d) 输入等级9 (0.74 g)

图 5-3　模型 A-1 破坏状态

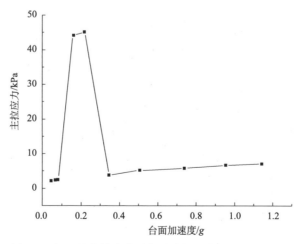

图 5-4　坝踵处主拉应力随加速度的变化（2 号应变片）

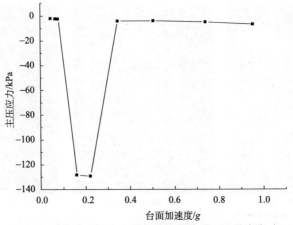

图 5-5　坝踵处主压应力随加速度的变化（2 号应变片）

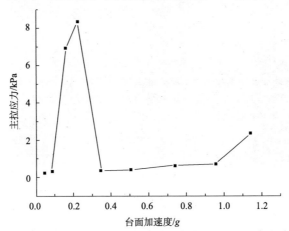

图 5-6　上游折坡处主拉应力随加速度的变化（1 号应变片）

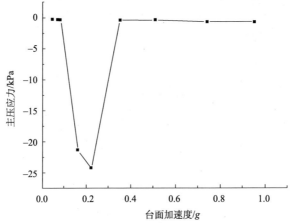

图 5-7　上游折坡处主压应力随加速度的变化（1 号应变片）

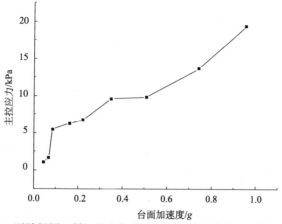

图 5-8　下游坝腰（低）处主拉应力随加速度的变化（3 号应变片）

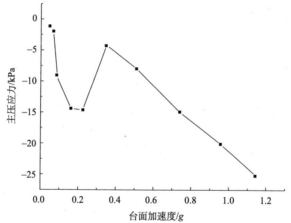

图 5-9　下游坝腰（低）处主压应力随加速度的变化（3 号应变片）

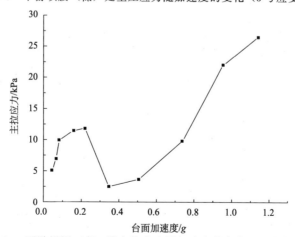

图 5-10　下游坝腰（高）处主拉应力随加速度的变化（4 号应变片）

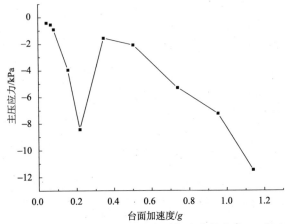

图 5-11　下游坝腰（高）处主压应力随加速度的变化（4 号应变片）

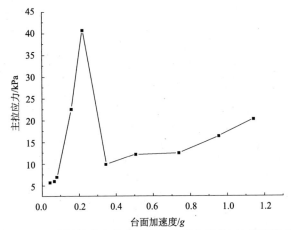

图 5-12　下游折坡处主拉应力随加速度的变化（5 号应变片）

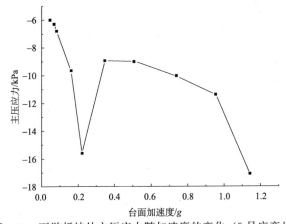

图 5-13　下游折坡处主压应力随加速度的变化（5 号应变片）

5.1.2　排沙坝段动力破坏试验

排沙坝段模型浇筑拆模后的形状见图 5-14。

图 5-14　排沙坝段模型浇筑成型图（B-1 模型）

1）破坏状态和起裂加速度

不同地震输入水平下，加速度沿坝高的分布见图 5-15。从图中可以看出，

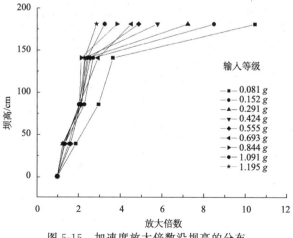

图 5-15　加速度放大倍数沿坝高的分布

随着加速度水平的增加，坝顶的加速度放大倍数随之减小。

引起坝体不同部位破坏的加速度结果见表 5-2；破坏部位及过程见图 5-16。

从破坏状态来看，满库情况下排沙坝段首先在原型地震输入为 0.495 g 时，坝下游反弧段出现裂缝；继续激振，在原型地震输入为 0.649 g 时，下游裂缝向上游发展；在原型地震输入为 0.810 g 时，裂缝贯穿坝头。

表 5-2 排沙坝段 B-1 模型破坏试验结果

编号	破坏位置	起裂加速度	
		模型	原型
1	坝下游反弧段出现裂缝	0.424 g	0.495 g
2	下游裂缝向上游发展	0.555 g	0.649 g
3	裂缝贯穿坝头	0.693 g	0.810 g

(a) 输入等级4 (0.424 g)

(b) 输入等级5 (0.555 g)

(c) 输入等级6 (0.693 g)

图 5-16 模型 B-1 破坏状态

2) 应变反应

排沙坝段在坝踵、坝趾、上游折坡点处及坝头下游反弧处各布置一个沿竖直方向、45°方向和水平方向张贴的三向应变片，由此可以计算出地震作用的各个时刻的主拉应力和主压应力。各个应变测试点在不同地震输入等级下的主拉应力及主压应力峰值变化见图 5-17～图 5-28。从中可以看到，在模型输入 0.424 g 时，坝踵处主拉应力达到材料抗拉强度；在模型输入 0.693 g 时，上游折坡（低）处主拉应力达到材料抗拉强度。

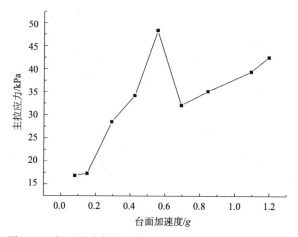

图 5-17　坝踵处主拉应力随加速度的变化（2 号应变片）

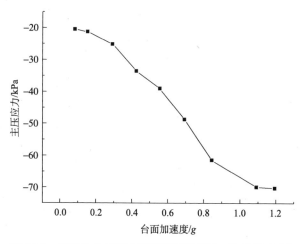

图 5-18　坝踵处主压应力随加速度的变化（2 号应变片）

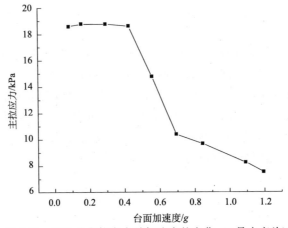

图 5-19　坝趾处主拉应力随加速度的变化（3 号应变片）

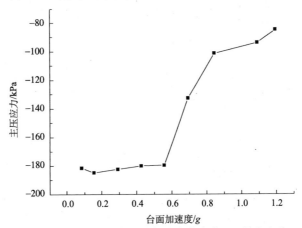

图 5-20　坝趾处主压应力随加速度的变化（3 号应变片）

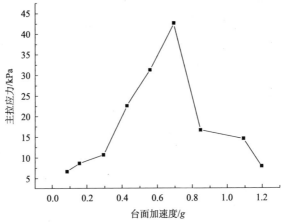

图 5-21　上游折坡（低）处主拉应力随加速度的变化（4 号应变片）

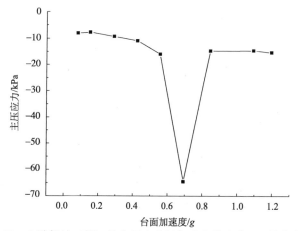

图 5-22　上游折坡（低）处主压应力随加速度的变化（4 号应变片）

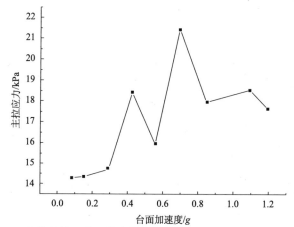

图 5-23　上游折坡（中）处主拉应力随加速度的变化（5 号应变片）

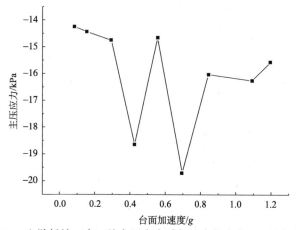

图 5-24　上游折坡（中）处主压应力随加速度的变化（5 号应变片）

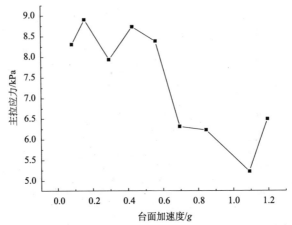

图 5-25　上游折坡（高）处主拉应力随加速度的变化（1 号应变片）

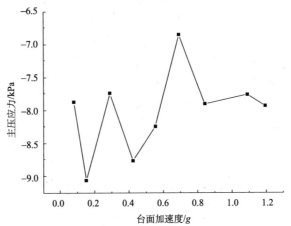

图 5-26　上游折坡（高）处主压应力随加速度的变化（1 号应变片）

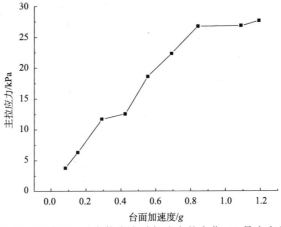

图 5-27　下游反弧处主拉应力随加速度的变化（6 号应变片）

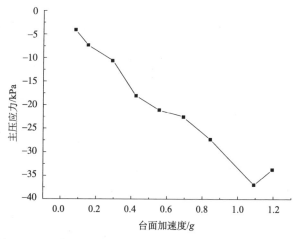

图 5-28　下游反弧处主压应力随加速度的变化（6 号应变片）

5.1.3　厂房坝段动力破坏试验

厂房坝段模型浇筑拆模后的形状见图 5-29。

图 5-29　厂房坝段模型浇筑成型图（C-1 模型）

1) 破坏状态和起裂加速度

不同地震输入水平下，加速度沿坝高的分布见图 5-30。从图中可以看出，随着加速度水平的增加，坝顶的加速度放大倍数随之减小。

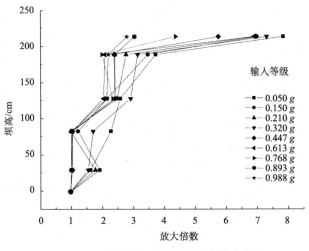

图 5-30　加速度放大倍数沿坝高的分布

引起坝体不同部位破坏的加速度结果见表 5-3；破坏部位及过程见图 5-31。

从破坏状态来看，满库情况下厂房坝段首先在原型地震输入为 0.467 g 时，坝下游反弧段出现裂缝；继续激振，在原型地震输入为 0.652 g 时，坝上游拦污栅墙体开裂；在原型地震输入为 0.894 g 时，坝上游拦污栅墙体出现第二条裂缝；在原型地震输入为 1.12 g 时，坝下游面背管顶部出现裂缝；在原型地震输入为 1.302 g 时，坝头部出现纵向裂缝。

表 5-3　厂房坝段 C-1 模型破坏试验结果

编号	破坏位置	起裂加速度	
		模型	原型
1	坝下游反弧段出现裂缝	0.320 g	0.467 g
2	坝上游拦污栅墙体开裂	0.447 g	0.652 g
3	坝上游拦污栅墙体出现第二条裂缝	0.613 g	0.894 g
4	坝下游面背管顶部出现裂缝	0.768 g	1.120 g
5	坝头部出现纵向裂缝	0.893 g	1.302 g

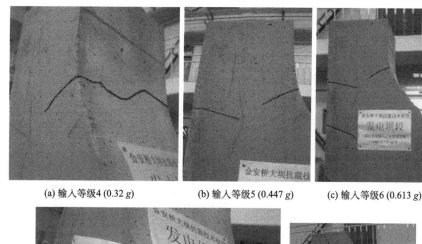

(a) 输入等级4 (0.32 g)　　(b) 输入等级5 (0.447 g)　　(c) 输入等级6 (0.613 g)

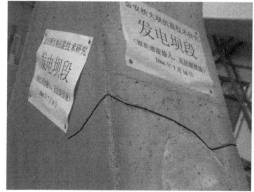

(d) 输入等级7 (0.768 g)　　　　　(e) 输入等级8 (0.893 g)

图 5-31　模型 C-1 破坏状态

2）应变反应

厂房坝段在坝踵、上游折坡点处、下游面反弧段及背管与下游面衔接处各布置一个沿竖直方向、45°方向和水平方向张贴的三向应变片，由此可以计算出地震作用时各个时刻的主拉应力和主压应力。各个应变测试点在不同地震输入等级下的主拉应力及主压应力峰值变化见图 5-32～图 5-43。从中可以看到，坝踵处及上游折坡（低、中）处主拉应力基本呈线性变化。

5.1.4　溢流坝段动力破坏试验

溢流坝段模型浇筑拆模后的形状见图 5-44。

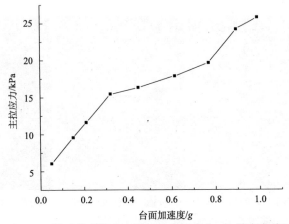

图 5-32　坝踵处主拉应力随加速度的变化（1 号应变片）

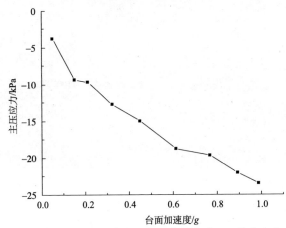

图 5-33　坝踵处主压应力随加速度的变化（1 号应变片）

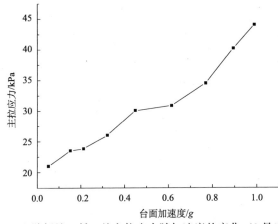

图 5-34　上游折坡（低）处主拉应力随加速度的变化（2 号应变片）

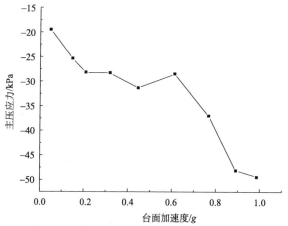

图 5-35 上游折坡（低）处主压应力随加速度的变化（2 号应变片）

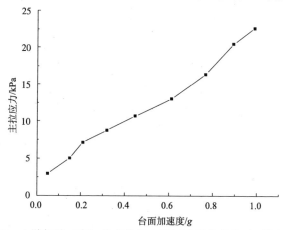

图 5-36 上游折坡（中）处主拉应力随加速度的变化（3 号应变片）

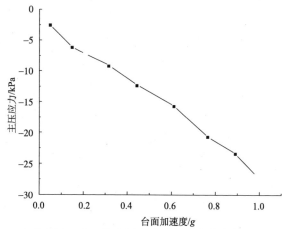

图 5-37 上游折坡（中）处主压应力随加速度的变化（3 号应变片）

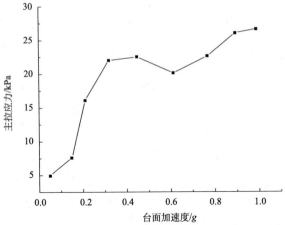

图 5-38　上游折坡（高）处主拉应力随加速度的变化（4 号应变片）

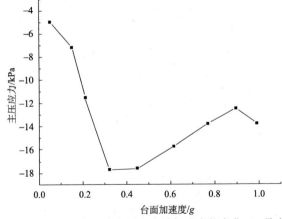

图 5-39　上游折坡（高）处主压应力随加速度的变化（4 号应变片）

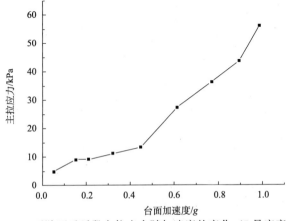

图 5-40　下游面反弧段主拉应力随加速度的变化（5 号应变片）

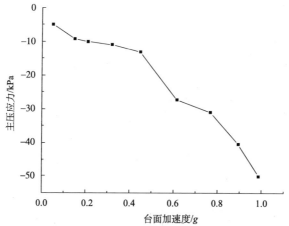

图 5-41　下游面反弧段主压应力随加速度的变化（5 号应变片）

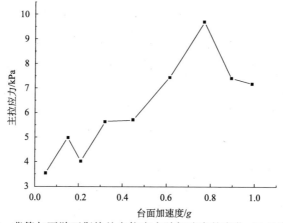

图 5-42　背管与下游面衔接处主拉应力随加速度的变化（6 号应变片）

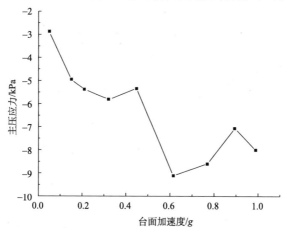

图 5-43　背管与下游面衔接处主压应力随加速度的变化（6 号应变片）

图 5-44　溢流坝段模型浇筑成型图（D-1 模型）

1）破坏状态和起裂加速度

不同地震输入水平下，加速度沿坝高的分布见图 5-45。从图中可以看出，随着加速度水平的增加，坝顶的加速度放大倍数随之减小。

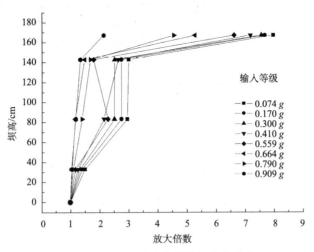

图 5-45　加速度放大倍数沿坝高的分布

引起坝体不同部位破坏的加速度结果见表 5-4；破坏部位及过程见图 5-46。

(a) 输入等级3 (0.36 g)

(b) 输入等级6 (0.664 g)

(c) 输入等级7 (0.79 g)

(d) 输入等级8 (0.909 g)

图 5-46　模型 D-1 破坏状态

从破坏状态来看，满库情况下溢流坝段首先在原型地震输入为 0.562 g 时，坝下游导流墙折坡处开裂（顺水流向两侧）；在原型地震输入为 1.037 g 时，闸墩出现 45°方向裂缝（顺水流向右侧）；在原型地震输入为 1.234 g 时，坝上游迎水面出现裂缝（顺水流向右侧）；在原型地震输入为 1.42 g 时，裂缝继续发展（顺水流向右侧），坝顶墙体与坝体接触部位开裂（顺水流向左侧）。

表 5-4　溢流坝段 D-1 模型破坏试验结果

编号	破坏位置	起裂加速度	
		模型	原型
1	坝下游导流墙折坡处开裂（顺水流向两侧）	0.360 g	0.562 g
2	闸墩出现 45°方向裂缝（顺水流向右侧）	0.664 g	1.037 g
3	坝上游迎水面出现裂缝（顺水流向右侧）	0.790 g	1.234 g
4	裂缝继续发展（顺水流向右侧），坝顶墙体与坝体接触部位开裂（顺水流向左侧）	0.909 g	1.420 g

2）应变反应

溢流坝段在坝踵、上下游折坡点处各布置一个沿竖直方向、45°方向和水平方向张贴的三向应变片，由此可以计算出地震作用的各个时刻的主拉应力和主压应力。各个应变测试点在不同地震输入等级下的主拉应力及主压应力峰值变化见图 5-47～图 5-56。从中可以看到，在模型输入 0.36 g 时，下游折坡（高）处主拉应力接近材料抗拉强度，与试验现象相吻合；坝踵处、下游折坡（低）处的主拉应力基本呈线性变化。

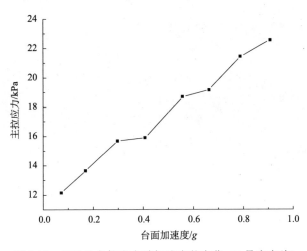

图 5-47　坝踵处主拉应力随加速度的变化（1 号应变片）

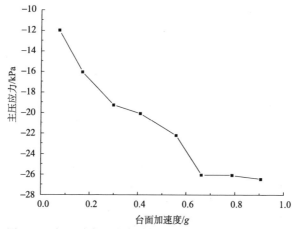

图 5-48　坝踵处主压应力随加速度的变化（1 号应变片）

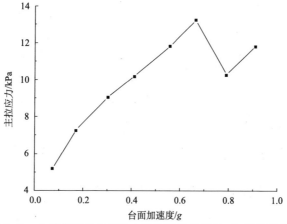

图 5-49　上游折坡处主拉应力随加速度的变化（2 号应变片）

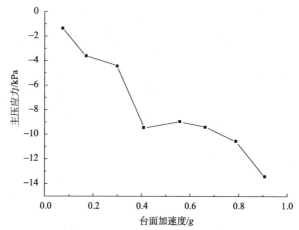

图 5-50　上游折坡处主压应力随加速度的变化（2 号应变片）

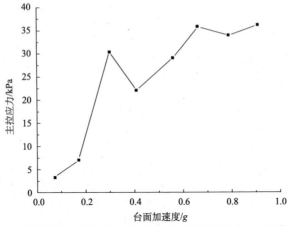

图 5-51　下游折坡（高）处主拉应力随加速度的变化（3 号应变片）

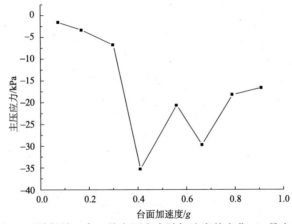

图 5-52　下游折坡（高）处主压应力随加速度的变化（3 号应变片）

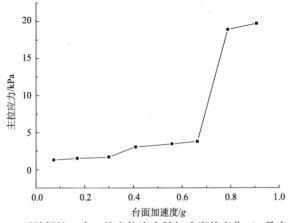

图 5-53　下游折坡（中）处主拉应力随加速度的变化（4 号应变片）

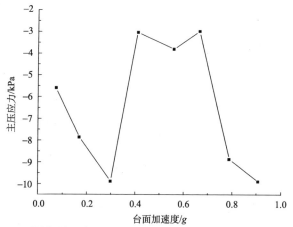

图 5-54　下游折坡（中）处主压应力随加速度的变化（4 号应变片）

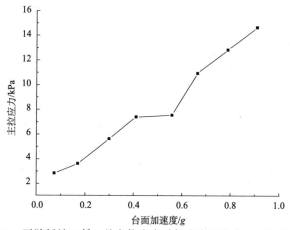

图 5-55　下游折坡（低）处主拉应力随加速度的变化（5 号应变片）

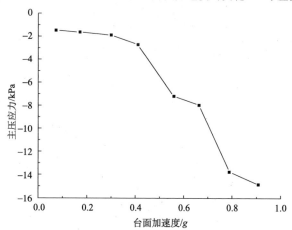

图 5-56　下游折坡（低）处主压应力随加速度的变化（5 号应变片）

5.1.5　断面模型试验总结

主要研究了金安桥大坝 4 个典型坝段断面破坏试验的基本特点和规律，表 5-5 是对各坝段断面试验破坏进程的总结。从表 5-5 可以看出，无论是挡水坝段，还是排沙坝段、厂房坝段、溢流坝段，起裂位置均发生在坝头部位。基本裂缝走势有两条，一条是先在坝头下游面出现裂缝，然后向上游面发展直至贯穿坝头；另一条是坝头上下游裂缝同时发展直至贯穿。期间也间或伴随着坝踵、坝趾等处裂缝的发展，但起裂的主要控制部位在坝头部。

表 5-5　模型破坏试验结果汇总表

断面类型	破坏位置	起裂加速度	
		模型	原型
挡水坝段	下游坝头部折坡点出现裂缝，并向上游坝面开展	$0.220\ g$	$0.484\ g$
	裂缝沿下游面横向发展，贯通下游面	$0.348\ g$	$0.766\ g$
	裂缝贯穿上、下游坝体	$0.740\ g$	$1.629\ g$
排沙坝段	坝下游反弧段出现裂缝	$0.424\ g$	$0.495\ g$
	下游裂缝向上游发展	$0.555\ g$	$0.649\ g$
	裂缝贯穿坝头	$0.693\ g$	$0.810\ g$
厂房坝段	坝下游反弧段出现裂缝	$0.320\ g$	$0.467\ g$
	坝上游拦污栅墙体开裂	$0.447\ g$	$0.652\ g$
	坝上游拦污栅墙体出现第二条裂缝	$0.613\ g$	$0.894\ g$
	坝下游面背管顶部出现裂缝	$0.768\ g$	$1.120\ g$
	坝头部出现纵向裂缝	$0.893\ g$	$1.302\ g$
溢流坝段	坝下游导流墙折坡处开裂（顺水流向两侧）	$0.360\ g$	$0.562\ g$
	闸墩出现 45°方向裂缝（顺水流向右侧）	$0.664\ g$	$1.037\ g$
	坝上游迎水面出现裂缝（顺水流向右侧）	$0.790\ g$	$1.234\ g$
	裂缝继续发展（顺水流向右侧），坝顶墙体与坝体接触部位开裂（顺水流向左侧）	$0.909\ g$	$1.420\ g$

5.1.6　抗震措施仿真材料施加位置

通过对断面试验破坏结果的分析及模型试验的可操作性，同时考虑到了各坝段混凝土分区的特点，确定各模型坝段抗震措施施加位置如图 5-57～图 5-60 所示。

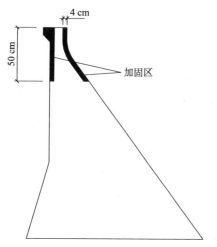

图 5-57　挡水坝段模型加固区位置示意图

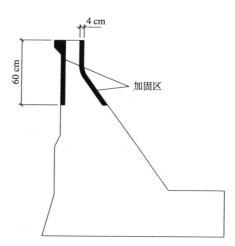

图 5-58　排沙坝段模型加固区位置示意图

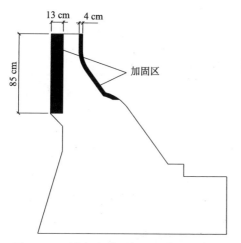

图 5-59　厂房坝段模型加固区位置示意图

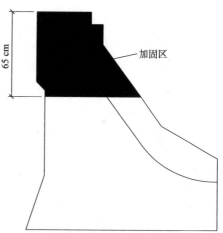

图 5-60　溢流坝段模型加固区位置示意图

5.2　金安桥大坝抗震措施模型试验研究

5.2.1　仿真混凝土在模型试验中的模拟方法

1）配筋混凝土在模型试验中的模拟方法

通过模型试验的方法来研究抗震措施的有效性，其基本原理是在模型坝的高应力区添加符合某种相似关系的抗震材料的替代物，以模型坝的抗震性能的改变来推测抗震措施在实际大坝中的应用效果。应该承认，在仿真混凝土模型坝中模拟配筋混凝土是一个比较困难的问题。由于仿真混凝土不同于真实混凝土，直接在仿真混凝土中添加细小钢筋的办法并不能很好地模拟原材料的性质。目前，还没有找到一种能完全模拟配筋混凝土弹塑性全阶段性质的材料。

根据构件试验的结果，配筋混凝土的弹性模量较素混凝土的弹性模量高。因此，采用在配筋区域局部仿真混凝土弹模增大的方法来模拟配筋混凝土的性质。这种基本属于弹性相似的模拟办法对于大坝起裂阶段的研究是可行的。对于大坝起裂后的裂缝发展情况，可以通过构件试验或有限元数值模拟进行分析。

2）钢纤维混凝土在模型试验中的模拟方法

钢纤维混凝土的模拟方法也是和配筋混凝土的模拟方法类似的，即要找到符合相似关系的钢纤维混凝土的仿真混凝土替代物，将其添加在坝体拉应力较高的易开裂区，以模型坝的抗震性能的改变来推测钢纤维混凝土在实际大坝中的应用效果。

经过多次的试验，采用在仿真混凝土中掺玻璃纤维的方法来模拟钢纤维混凝土。这是基于以下几点理由：

（1）制作仿真混凝土的几种原料与玻璃纤维拌和，能够胶聚在一起。

（2）构件抗折试验表明，钢纤维混凝土柱和玻璃纤维仿真混凝土柱的力-位移曲线具有相似性。

（3）可以通过调整仿真混凝土中的玻璃纤维量，来满足所需要的强度相似关系。

通过调整玻璃纤维量，可以配置出所需抗拉强度的仿真混凝土来，这样就可以将掺玻璃纤维的仿真混凝土与普通仿真混凝土的比较，同真实钢纤维混凝土与普通混凝土的比较联系起来，从而将模型坝的玻璃纤维仿真混凝土抗震性能的研究同真实大坝的钢纤维混凝土抗震性能的研究联系起来。

5.2.2　配筋混凝土的断面模型试验

分别进行了挡水坝段、排沙坝段、厂房坝段、溢流坝段四个典型坝段（各一个坝段）的模拟配筋混凝土抗震措施的动力破坏试验。各试验编号说明见表5-6。其中，模型编号中的"RC"代表钢筋混凝土，表5-7为模型坝试验参数表，各模型材料及结构阻尼比见表5-8，模拟钢筋区与非模拟钢筋区的仿真混凝土弹性模量比值见表5-9。

1) RC-1 模型 (挡水坝段)

挡水坝段模型浇筑拆模后的形状见图 5-61。图中深色条带是模拟配筋混凝土的区域。不同地震输入水平下，加速度沿坝高的分布见图 5-62。

表 5-6　模型坝抗震措施试验编号

模型编号	坝段说明	激振方式	备注
RC-1	挡水坝段	规范反应谱随机波	模拟配筋混凝土
RC-2	排沙坝段	规范反应谱随机波	模拟配筋混凝土
RC-3	厂房坝段	规范反应谱随机波	模拟配筋混凝土
RC-4	溢流坝段	规范反应谱随机波	模拟配筋混凝土

表 5-7　模型坝参数表

模型编号	材料容重 /(kg/m³)	材料抗拉强度 /MPa		模型基频 /Hz		换算原型基频 /Hz		有限元分析基频 /Hz	
		模拟钢筋	非模拟钢筋	空库	满库	空库	满库	空库	满库
RC-1	2850	0.048	0.040	27	25	3.12	2.89	3.13	2.91
RC-2	2820	0.070	0.074	27	25.5	3.12	2.94	3.24	3.05
RC-3	2780	0.042	0.036	27.5	24	3.18	2.77	2.94	2.69
RC-4	2850	0.086	0.073	34	33.5	3.93	3.87	4.21	3.85

表 5-8　各模型材料及结构阻尼比

模型编号	材料阻尼比/%	模拟材料阻尼比/%	结构阻尼比/%
RC-1	3.03	5.35	2.62
RC-2	5.13	2.49	1.49
RC-3	2.22	2.28	0.87
RC-4	2.51	2.81	4.22

表 5-9　模拟钢筋区与非模拟钢筋区的仿真混凝土弹性模量比值表

模型编号	弹性模量比	备注
RC-1	1.41	挡水坝段
RC-2	1.27	排沙坝段
RC-3	1.29	厂房坝段
RC-4	1.39	溢流坝段

图 5-61　挡水坝段模型浇筑成型图

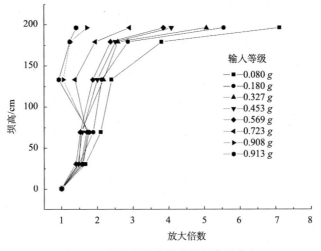

图 5-62　加速度放大倍数沿坝高的分布

引起坝体不同部位破坏的加速度结果见表 5-10；破坏部位及过程见图 5-63。

从破坏状态来看，满库情况下挡水坝段首先在原型地震动输入峰值为 0.396 g 时，从下游面坝头折坡处出现裂缝；继续激振，在原型地震动输入峰值为 0.720 g 时，裂缝沿下游面横向发展，贯通下游面；在原型地震动输入峰值为 1.592 g 时，向上游发展的裂缝出现分叉的现象；在原型地震动输入峰值为 1.999 g 时，裂缝贯穿上下游坝段。

表 5-10　挡水坝段 RC-1 模型破坏试验结果

编号	破坏位置	起裂加速度	
		模型	原型
1	坝下游颈部折坡点出现裂缝，并向上游坝面开展	0.180 g	0.396 g
2	裂缝沿下游面横向发展，贯通下游面	0.327 g	0.720 g
3	向上游发展的裂缝出现分叉现象	0.723 g	1.592 g
4	裂缝贯穿上、下游坝体	0.908 g	1.999 g

(a) 输入等级2 (0.18 g)

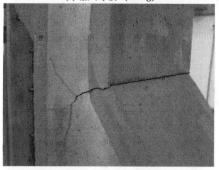

(b) 输入等级3 (0.327 g)

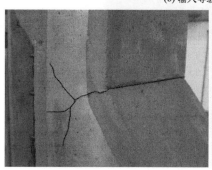

(c) 输入等级6 (0.723 g)

图 5-63　模型 RC-1 破坏状态

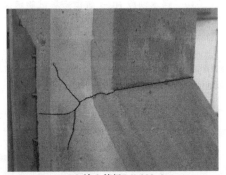

(d) 输入等级7 (0.908 g)

图 5-63 （续）

2) RC-2 模型（排沙坝段）

排沙坝段模型浇筑拆模后的形状见图 5-64。图中深色条带是模拟配筋混凝土的区域。输入不同地震水平下，加速度沿坝高的分布见图 5-65。

图 5-64　排沙坝段模型浇筑成型图

引起坝体不同部位破坏的加速度结果见表 5-11；破坏部位及过程见图 5-66。

从破坏状态来看，满库情况下排沙坝段首先在原型地震输入为 0.465 g 时，坝下游颈部反弧段出现裂缝，并向上游坝面开展；继续激振，在原型地震输入为

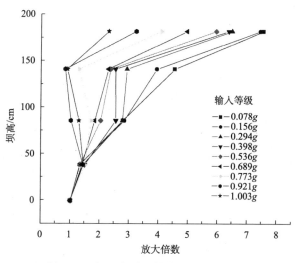

图 5-65　加速度放大倍数沿坝高的分布

0.627 g 时，坝体下游反弧段裂缝基本贯通下游面；在原型地震输入为 0.904 g 时，裂缝贯穿上、下游坝段；在原型地震输入为 1.172 g 时，模拟钢筋区域与坝本体间出现裂缝。

表 5-11　排沙坝段 RC-2 模型破坏试验结果

编号	破坏位置	起裂加速度	
		模型	原型
1	下游坝颈部反弧段出现裂缝，并向上游坝面开展	0.398 g	0.465 g
2	坝体下游反弧段裂缝基本贯通下游面	0.536 g	0.627 g
3	裂缝贯穿上、下游坝体	0.773 g	0.904 g
4	模拟钢筋区域与坝本体间出现裂缝	1.003 g	1.172 g

3) RC-3 模型（厂房坝段）

厂房坝段模型浇筑拆模后的形状见图 5-67。图中深色条带是模拟配筋混凝土的区域。不同地震输入水平下，加速度沿坝高的分布见图 5-68。

引起坝体不同部位破坏的加速度结果见表 5-12；破坏部位及过程见图 5-69。

从破坏状态来看，满库情况下厂房坝段首先在原型地震输入为 0.496 g 时，坝下游反弧段出现裂缝，坝上游拦污栅墙体开裂；在原型地震输入为 0.7 g 时，坝下游背管上端出现裂缝；在原型地震输入为 0.859 g 时，坝头部出现纵向裂

(a) 输入等级4 (0.398 g)　　　　　　(b) 输入等级5 (0.536 g)

(c) 输入等级7 (0.773 g)

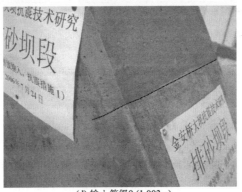

(d) 输入等级9 (1.003 g)

图 5-66　模型 RC-2 破坏状态

图 5-67　厂房坝段模型浇筑成型图

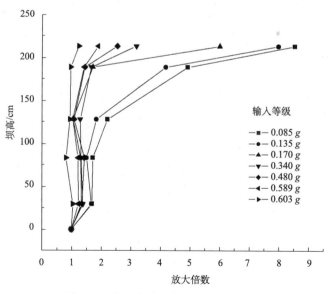

图 5-68　加速度放大倍数沿坝高的分布

缝；在原型地震输入为 0.879 g 时，坝头部纵向裂缝迅速发展。

表 5-12　厂房坝段 RC-3 模型破坏试验结果

编号	破坏位置	起裂加速度	
		模型	原型
1	坝下游反弧段出现裂缝，坝上游拦污栅墙体开裂	0.340 g	0.496 g
2	坝下游背管上端出现裂缝	0.480 g	0.700 g
3	坝头部出现纵向裂缝	0.589 g	0.859 g
4	坝头部纵向裂缝迅速发展	0.603 g	0.879 g

(a) 输入等级4 (0.34 g)

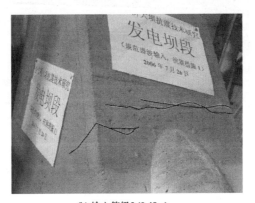

(b) 输入等级5 (0.48 g)

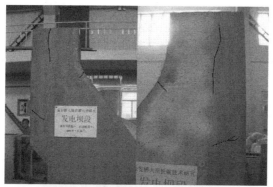

(c) 输入等级6 (0.589 g)

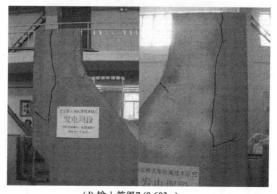

(d) 输入等级7 (0.603 g)

图 5-69　模型 RC-3 破坏状态

4）RC-4 模型（溢流坝段）

　　溢流坝段模型浇筑拆模后的形状见图 5-70。图中深色条带是模拟配筋混凝土的区域。不同地震输入水平下，加速度沿坝高的分布见图 5-71。

　　引起坝体不同部位破坏的加速度结果见表 5-13；破坏部位及过程见图 5-72。

　　从破坏状态来看，满库情况下溢流坝段首先在原型地震输入为 0.536 g 时，坝下游导流墙折坡处开裂（顺水流向两侧）；在原型地震输入为 1.118 g 时，坝上游迎水面出现裂缝（顺水流向右侧）；在原型地震输入为 1.348 g 时，坝顶墙体与坝体接触部位开裂（顺水流向右侧）。

图 5-70　溢流坝段模型浇筑成型图

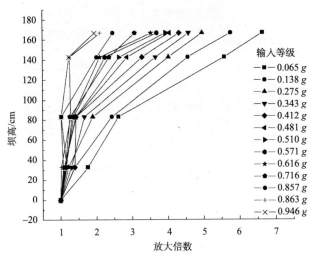

图 5-71　加速度放大倍数沿坝高的分布

表 5-13　溢流坝段 RC-4 模型破坏试验结果

编号	破坏位置	起裂加速度	
		模型	原型
1	坝下游导流墙折坡处开裂（顺水流向两侧）	0.343 g	0.536 g
2	坝上游迎水面出现裂缝（顺水流向右侧）	0.716 g	1.118 g
3	坝顶墙体与坝体接触部位开裂（顺水流向右侧）	0.863 g	1.348 g

(a) 输入等级4 (0.343 g)

(b) 输入等级9 (0.716 g)

(c) 输入等级11 (0.863 g)

图 5-72　模型 RC-4 破坏状态

5.2.3　钢纤维混凝土的断面模型试验

分别进行了挡水坝段、排沙坝段、厂房坝段、溢流坝段四个典型坝段（各一个坝段）的模拟钢纤维混凝土抗震措施的动力破坏试验。各试验编号说明见表 5-14。其中，模型编号中的"SF"代表钢纤维。表 5-15 为模型坝试验参数表。

各模型材料及结构阻尼比见表 5-16。

1) SF-1 模型（挡水坝段）

挡水坝段模型浇筑拆模后的形状见图 5-73。不同地震输入水平下，加速度沿坝高的分布见图 5-74。

表 5-14 模型坝抗震措施试验编号

模型编号	坝段说明	激振方式	备注
SF-1	挡水坝段	规范反应谱随机波	模拟钢纤维混凝土
SF-2	排沙坝段	规范反应谱随机波	模拟钢纤维混凝土
SF-3	厂房坝段	规范反应谱随机波	模拟钢纤维混凝土
SF-4	溢流坝段	规范反应谱随机波	模拟钢纤维混凝土

表 5-15 模型坝参数表

模型编号	材料容重 /(kg/m³)	材料抗拉强度 /MPa		模型基频 /Hz		换算原型基频 /Hz		有限元分析基频 /Hz	
		玻璃纤维仿真混凝土	坝体仿真混凝土	空库	满库	空库	满库	空库	满库
SF-1	2800	0.054	0.046	28.5	26.5	3.29	3.06	3.13	2.91
SF-2	2770	0.073	0.063	28	24.5	3.23	2.83	3.24	3.05
SF-3	2700	0.086	0.073	26.5	23.5	3.06	2.71	2.94	2.69
SF-4	2850	0.073	0.061	35	33.5	4.04	3.86	4.21	3.85

表 5-16 各模型材料及结构阻尼比

模型编号	材料阻尼比/%	模拟材料阻尼比/%	结构阻尼比/%
SF-1	2.54	2.86	2.30
SF-2	1.59	2.51	3.76
SF-3	2.21	2.62	2.85
SF-4	3.87	4.27	2.92

表 5-17 玻璃纤维仿真混凝土与坝体仿真混凝土的抗拉强度比值表

模型编号	抗拉强度比	备注
SF-1	1.17	挡水坝段
SF-2	1.15	排沙坝段
SF-3	1.18	厂房坝段
SF-4	1.20	溢流坝段

图 5-73　挡水坝段模型浇筑成型图

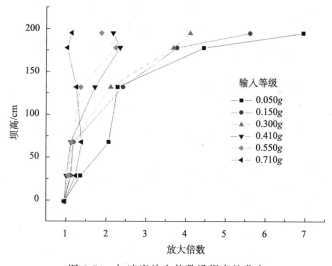

图 5-74　加速度放大倍数沿坝高的分布

引起坝体不同部位破坏的加速度结果见表 5-18；破坏部位及过程见图 5-75。

从破坏状态来看，空库情况下挡水坝段首先在原型地震动输入峰值为 0.661 g 时，从下游面坝头折坡处出现轻微裂缝；继续激振，在原型地震动输入峰值至 0.903 g 时，下游坝头折坡处裂缝已经非常明显；当原型地震动输入峰值为 1.211 g 时，裂缝沿下游面横向发展，贯通下游面；当原型地震动输入峰值为

1.563 g 时，坝头部裂缝贯穿上、下游坝体，同时，坝下游面玻璃纤维仿真混凝土边界处开裂。

表 5-18　挡水坝段 SF-1 模型破坏试验结果

编号	破坏位置	起裂加速度	
		模型	原型
1	下游坝头折坡处出现轻微裂缝	0.300 g	0.661 g
2	下游坝头折坡处明显开裂	0.410 g	0.903 g
3	裂缝沿下游面横向发展，贯通下游面	0.550 g	1.211 g
4	裂缝贯穿上、下游坝体；坝下游面玻璃纤维仿真混凝土边界开裂	0.710 g	1.563 g

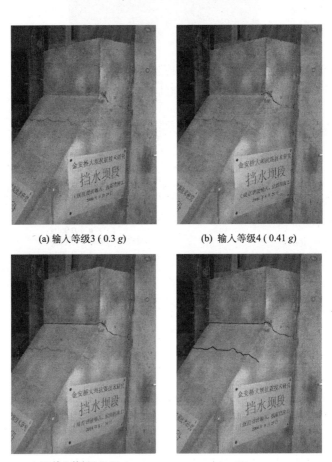

(a) 输入等级3 (0.3 g)　　　　　　(b) 输入等级4 (0.41 g)

(c) 输入等级5 (0.55 g)　　　　　　(d) 输入等级6 (0.71 g)

图 5-75　模型 SF-1 破坏状态

2）SF-2 模型（排沙坝段）

排沙坝段模型浇筑拆模后的形状见图 5-76。不同地震输入水平下，加速度沿坝高的分布见图 5-77。

图 5-76　排沙坝段模型浇筑成型图

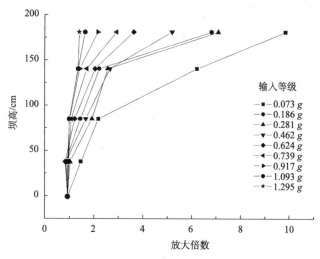

图 5-77　加速度放大倍数沿坝高的分布

　　引起坝体不同部位破坏的加速度结果见表 5-19；破坏部位及过程见图 5-78。

　　从破坏状态来看，满库情况下排沙坝段首先在原型地震输入为 0.540 g 时，坝下游反弧段出现裂缝（顺水流向两侧）；继续激振，在原型地震输入为 0.846 g 时，坝体下游反弧段裂缝基本贯通下游面；在原型地震输入为 1.072 g 时，裂缝贯穿坝头部；在原型地震输入为 1.278 g 时，坝趾处开裂。

表 5-19　排沙坝段 SF-2 模型破坏试验结果

编号	破坏位置	起裂加速度	
		模型	原型
1	坝下游反弧段出现裂缝（顺水流向两侧）	0.462 g	0.540 g
2	坝体下游反弧段裂缝基本贯通下游面	0.739 g	0.846 g
3	裂缝贯穿坝头部	0.917 g	1.072 g
4	坝趾处开裂	1.093 g	1.278 g

(a) 输入等级4 (0.462 g)

(b) 输入等级6 (0.739 g)

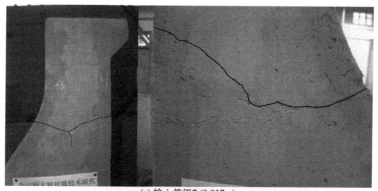

(c) 输入等级7 (0.917 g)

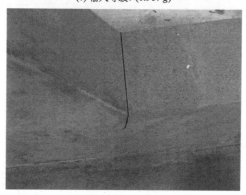

(d) 输入等级9 (1.093 g)

图 5-78　模型 SF-2 破坏状态

3）SF-3 模型（厂房坝段）

厂房坝段模型浇筑拆模后的形状见图 5-79。不同地震输入水平下，加速度沿坝高的分布见图 5-80。

引起坝体不同部位破坏的加速度结果见表 5-20；破坏部位及过程见图 5-81。

从破坏状态来看，满库情况下厂房坝段首先在原型地震输入为 0.569 g 时，坝下游反弧段出现裂缝；在原型地震输入为 0.744 g 时，坝上游拦污栅墙体开裂；在原型地震输入为 0.919 g 时，坝上游拦污栅墙体出现第二条裂缝，背管处出现轻微裂缝；在原型地震输入为 1.094 g 时，下游背管出现裂缝；在原型地震输入为 1.327 g 时，坝体顺水流向右侧出现纵缝。

图 5-79　厂房坝段模型浇筑成型图

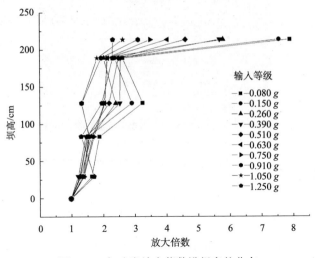

图 5-80　加速度放大倍数沿坝高的分布

表 5-20　厂房坝段 SF-3 模型破坏试验结果

编号	破坏位置	起裂加速度	
		模型	原型
1	坝下游反弧段出现裂缝	0.390 g	0.569 g
2	坝上游拦污栅墙体开裂	0.510 g	0.744 g
3	坝上游拦污栅墙体出现第二条裂缝，背管处出现轻微裂缝	0.630 g	0.919 g
4	下游背管处出现裂缝	0.750 g	1.094 g
5	坝体顺水流向右侧出现纵缝	0.910 g	1.327 g

(a) 输入等级4 (0.39 g)

(b) 输入等级5 (0.51 g)

(c) 输入等级6 (0.63 g)

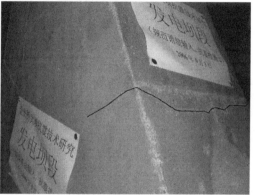

(d) 输入等级7 (0.75 g)

(e) 输入等级8 (0.91 g)

图 5-81　模型 SF-3 破坏状态

4) SF-4 模型（溢流坝段）

溢流坝段模型浇筑拆模后的形状见图 5-82。不同地震输入水平下，加速度沿坝高的分布见图 5-83。

图 5-82　溢流坝段模型浇筑成型图

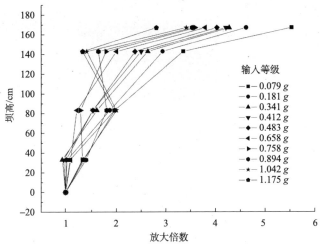

图 5-83　加速度放大倍数沿坝高的分布

　　引起坝体不同部位破坏的加速度结果见表 5-21；破坏部位及过程见图 5-84。

　　从破坏状态来看，满库情况下溢流坝段首先在原型地震输入为 0.643 g 时，坝下游导流墙开裂（顺水流向右侧）；在原型地震输入为 1.028 g 时，坝下游导流墙开裂（顺水流向左侧）；在原型地震输入为 1.184 g ～1.396 g 过程中，右侧裂缝沿导墙与坝体交界线向上游继续发展；在原型地震输入为 1.628 g 时，裂缝贯通。

表 5-21　溢流坝段 SF-4 模型破坏试验结果

编号	破坏位置	起裂加速度	
		模型	原型
1	坝下游导流墙开裂（顺水流向右侧）	0.412 g	0.643 g
2	坝下游导流墙开裂（顺水流向左侧）	0.658 g	1.028 g
3	右侧裂缝沿导墙与坝体交界线向上游继续发展	0.758 g～0.894 g	1.184 g～1.396 g
4	裂缝贯通	1.042 g	1.628 g

(a) 输入等级4 (0.412 g)　　　　　　(b) 输入等级6 (0.658 g)

(c) 输入等级7~8 (0.758 g~0.894 g)　　　　(d) 输入等级9 (1.042 g)

图 5-84　模型 SF-4 破坏状态

5.3　典型碾压层的模拟及断面模型试验研究

5.3.1　试验原理

为数不少的学者关注碾压混凝土的薄弱层问题。薄弱层的产生源于碾压混凝土坝的施工过程。碾压混凝土坝施工时，如果已碾压完毕的混凝土层面的暴露时间超过了允许暴露时间，且不进行有效处理，势必该层面成为碾压混凝土坝中的薄弱层面。

碾压混凝土层面抗剪断强度参数符合库仑公式规律，表达式为

$$\tau = c' + f'\sigma \tag{5-1}$$

式中，τ 表示层面剪应力，MPa；σ 表示层面上的正应力，MPa；c' 表示层面的黏结力，MPa；f' 表示层面的内摩擦系数。

四种层面处理方式分别为：A 型——层面没作处理；B 型——层面刷水泥浆；C 型——层面铺水泥砂浆；D 型——层面铺一级配混凝土。通过对这四种层面处理方法以及无层面的碾压混凝土本体的试验研究，得到各层面处理措施的抗剪参数 c' 和 f'，参见表 5-22。

表 5-22　不同层面处理措施的抗剪参数 c' 和 f'

层面处理措施	c'/MPa	f'
O 型（无层面）	2.22	1.29
A 型（层面不处理）	1.14	1.00
B 型（层面刷水泥浆）	2.02	1.24
C 型（层面铺水泥砂浆）	1.89	1.26
D 型（层面铺一级配混凝土）	1.43	1.15

经试验数据拟合后的抗剪强度表达式相应为

O 型（无层面）：

$$\tau_\text{o} = c'_\text{o} + f'_\text{o}\sigma = 2.22 + 1.29\sigma \tag{5-2}$$

A 型（层面不处理）：

$$\tau_\text{a} = c'_\text{a} + f'_\text{a}\sigma = 1.14 + 1.00\sigma \tag{5-3}$$

B 型（层面刷水泥浆）：

$$\tau_\text{b} = c'_\text{b} + f'_\text{b}\sigma = 2.02 + 1.24\sigma \tag{5-4}$$

C 型（层面铺水泥砂浆）：

$$\tau_c = c'_c + f'_c \sigma = 1.89 + 1.26\sigma \tag{5-5}$$

D 型（层面铺一级配混凝土）：

$$\tau_d = c'_d + f'_d \sigma = 1.43 + 1.15\sigma \tag{5-6}$$

根据式（5-2）～式（5-6），如果给定层面的正应力，就可以得到各种层面处理方法的混凝土抗剪强度与碾压混凝土本体抗剪强度的比值，如表 5-23 所示。在不考虑尺寸效应的前提下，根据弹性重力相似关系容易得出，碾压薄弱层抗剪强度的降低比率，对于原型和模型来说是一致的。这样就可以通过仿真混凝土直剪试验，确定仿真混凝土的碾压层配合比，进而在碾压层大坝模型试验中定量的模拟各种层面处理措施对提高碾压层抗滑稳定性的影响。

表 5-23　抗剪强度比值表

σ/MPa	τ_a/τ_o（A 型）	τ_b/τ_o（B 型）	τ_c/τ_o（C 型）	τ_d/τ_o（D 型）
0	0.5135	0.9099	0.8514	0.6441
0.1	0.5278	0.9127	0.8582	0.6577
0.2	0.5408	0.9153	0.8644	0.6699
0.3	0.5524	0.9175	0.8700	0.6809
0.4	0.5629	0.9196	0.8750	0.6908
0.5	0.5724	0.9215	0.8796	0.6998
0.6	0.5812	0.9232	0.8838	0.7081
0.7	0.5892	0.9248	0.8876	0.7157
0.8	0.5966	0.9262	0.8911	0.7226
0.9	0.6034	0.9275	0.8944	0.7291
1	0.6097	0.9288	0.8974	0.7350
2	0.6542	0.9375	0.9187	0.7771
3	0.6798	0.9425	0.9310	0.8013
4	0.6965	0.9458	0.9390	0.8171
5	0.7082	0.9481	0.9446	0.8281
10	0.7368	0.9537	0.9583	0.8552
15	0.7483	0.9560	0.9638	0.8660
20	0.7545	0.9572	0.9668	0.8719

5.3.2　双面直剪试验

双面直剪试验的目的是研究仿真混凝土碾压层的抗剪强度与配比的关系，为进一步的模拟碾压层的大坝模型试验作准备。直剪试验的示意图和实物图分别见图 5-85 和图 5-86，图 5-87 为剪切裂缝形态。

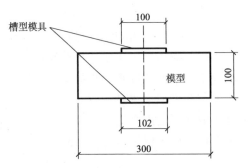

图 5-85　双面直剪试验示意图（单位：mm）

图 5-86　双面直剪试验装置图

图 5-87　剪切裂缝图

开裂时加载与抗剪强度关系为

$$\tau = \frac{F}{2bh} \tag{5-7}$$

式中，F 为剪切力；b 和 h 分别为试件截面宽度和高度。

　　试验时，分别制备用于模拟混凝土本体以及模拟碾压层的仿真混凝土试件各三个，每个试件的尺寸为 100 mm×100 mm×300 mm。同时还须制备用于动弹模敲击的仿真混凝土悬臂柱一个（尺寸为 100 mm×100 mm×500 mm），以判定进行剪切试验的时间（该时间必须和模型试验的时间相一致）。通过调整模拟碾压层的仿真混凝土的配比来调整其抗剪强度，进而使抗剪强度比满足模拟各种层面处理措施的要求。由于仿真混凝土的力学性质受环境因素影响较大，为了得到比较准确的结果，直剪试验和后面进行的碾压层模型试验都是挑选在气候条件（温度和湿度）差异不大的时间里进行，同时还要保证样本容量足够大。

5.3.3　模拟碾压层的模型试验研究

　　模拟碾压层的大坝模型试验是针对挡水坝段进行，碾压层的具体位置采用有限元数值计算得到，分别距离模型坝顶部 32 cm、79 cm、125 cm（图 5-88）。试验工况见表 5-24，模拟了两种层面处理形式；表 5-25 为模型坝试验参数表；表 5-26 为模型材料及结构阻尼比。

　　表 5-27 为模型试验时测得的仿真混凝土碾压层与仿真混凝土大坝本体的剪切强度之比。与表 5-23 中由剪切强度试验拟合公式计算而得的剪切强度相比，在无侧压或小侧压的条件下，相符得很好，这是通过仿真混凝土模型坝试验来研究碾压层性质的根本保证。

图 5-88　挡水坝段碾压层浇筑成型图

　　1）N-1 模型

　　破坏状态和起裂加速度。不同地震输入水平下，加速度沿坝高的分布见图 5-89。从图中可以看出，随着加速度水平的增加，坝顶的加速度放大倍数随之减小。

表 5-24　模拟碾压层模型坝试验工况编号

模型编号	坝段说明	激振方式	备注
N-1	A 型（层面不处理）碾压层模拟	规范反应谱随机波	空库，满库
N-2	B 型（层面刷水泥浆）碾压层模拟	规范反应谱随机波	空库，满库

表 5-25　模型坝参数表

模型编号	材料容重/(kg/m³)	材料抗拉强度/MPa	模型基频/Hz		换算原型基频/Hz		有限元分析基频/Hz	
			空库	满库	空库	满库	空库	满库
N-1	2800	0.04314	29.0	26.5	3.34	3.05	3.13	2.91
N-2	2750	0.04055	28.5	27.5	3.29	3.18	3.13	2.91

表 5-26　模型材料及结构阻尼比

模型编号	材料阻尼比/%	结构阻尼比/%
N-1	2.26	3.22
N-2	6.65	4.57

表 5-27　剪切强度比值表

模型编号	剪切强度比/%	备注
N-1	47.95	A 型碾压层模拟
N-2	93.62	B 型碾压层模拟

　　引起坝体不同部位破坏的加速度结果见表 5-28；破坏部位及过程见图 5-90。

　　从破坏状态来看，满库情况下挡水坝段首先在原型地震动输入峰值为 0.374 g 时，下游坝头部折坡点出现裂缝（顺流向右侧），并向上游坝面开展；在原型地震动输入峰值为 0.661 g 时，下游坝头部折坡点出现裂缝（顺流向左侧），并向上游坝面开展；在原型地震动输入峰值为 0.947 g 时，裂缝沿下游面横向发展，贯通下游面；在原型地震动输入峰值为 1.651 g 时，坝下游最下层碾压层出现剪切裂缝，同时坝头部完全贯穿；在原型地震动输入峰值为 1.739 g 时，最下层碾压层下游面贯穿；在原型地震动输入峰值为 2.466 g 时，最下层碾压层贯穿。

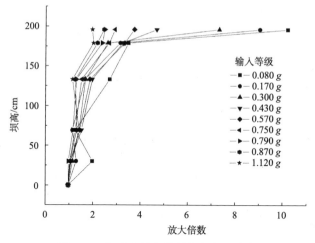

图 5-89　加速度放大倍数沿坝高的分布

表 5-28　挡水坝段 N-1 模型破坏试验结果

编号	破坏位置	起裂加速度	
		模型	原型
1	下游坝头部折坡点出现裂缝（顺流向右侧），并向上游坝面开展	0.170 g	0.374 g
2	下游坝头部折坡点出现裂缝（顺流向左侧），并向上游坝面开展	0.300 g	0.661 g
3	裂缝沿下游面横向发展，贯通下游面	0.430 g	0.947 g
4	坝下游最下层碾压层出现剪切裂缝；坝头部完全贯穿	0.750 g	1.651 g
5	最下层碾压层下游面贯穿	0.790 g	1.739 g
6	最下层碾压层贯穿	1.12 g	2.466 g

(a) 输入等级2 (0.17 g)　　(b) 输入等级3 (0.3 g)　　(c) 输入等级4 (0.43 g)

图 5-90　模型 N-1 破坏状态

(d) 输入等级6 (0.75 g)

(e) 输入等级7 (0.79 g)

(f) 输入等级9 (1.12 g)

图 5-90（续）

2）N-2 模型

破坏状态和起裂加速度。不同地震输入水平下，加速度沿坝高的分布见图 5-91。从图中可以看出，随着加速度水平的增加，坝顶的加速度放大倍数随之减小。

引起坝体不同部位破坏的加速度结果见表 5-29；破坏部位及过程见图 5-92。

从破坏状态来看，满库情况下挡水坝段首先在原型地震动输入峰值为 0.396 g 时，下游坝头部折坡点出现裂缝，并向上游坝面开展；在原型地震动输入峰值为 1.035 g 时，裂缝沿下游面横向发展，贯通下游面；在原型地震动输入峰值为 1.321 g 时，坝头部完全贯穿；直至原型地震动输入峰值为 1.71 g ～ 2.9 g 时，三层碾压层均未出现剪切裂缝。

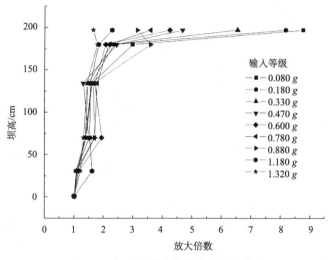

图 5-91　加速度放大倍数沿坝高的分布

表 5-29　挡水坝段 N-2 模型破坏试验结果

编号	破坏位置	起裂加速度	
		模型	原型
1	下游坝头部折坡点出现裂缝，并向上游坝面开展	0.180 g	0.396 g
2	裂缝沿下游面横向发展，贯通下游面	0.470 g	1.035 g
3	坝头部完全贯穿	0.600 g	1.321 g
4	三层碾压层均未出现剪切裂缝	0.78 g～1.32 g	1.71 g～2.90 g

(a) 输入等级2 (0.18 g)

图 5-92　模型 N-2 破坏状态

(b) 输入等级4 (0.466 g)　　　　　　　(c) 输入等级5 (0.466 g)

图 5-92 （续）

第6章 碾压混凝土重力坝监测安全评价

6.1 坝基及坝体变形监测

6.1.1 坝基变形监测

重点坝段内不同高程的坝体及坝基岩体相对于坝基深部的水平位移采用正垂线和倒垂线的方法进行监测，其余坝段之间的水平位移采用引张线和真空激光准直系统进行监测。选择 $4^\#$、$6^\#$、$8^\#$、$12^\#$、$14^\#$、$15^\#$、$17^\#$ 和 $18^\#$ 坝段作为监测坝段，采用 4 点式多点位移计、基岩变位计、测斜孔进行坝底基岩深部的变形监测。

1）坝基倒垂线位移

左岸坝肩、$6^\#$、$8^\#$、$11^\#$、$14^\#$、$17^\#$ 坝段及右岸坝肩共布置 7 套倒垂线。

坝基顺河向位移绝大多数坝段受水位上升影响均向下游产生一定的位移。截至 2013 年 12 月 30 日，最大顺河向位移出现在 $11^\#$ 坝段高程 1306.6 m，为 6.58 mm，其余坝段顺河向位移介于 $0.45 \sim 5.26$ mm，总体上靠近河床坝段位移大于两岸坝段。近期随水位趋于平稳，位移也渐趋平稳。

各监测坝段横河向位移受库水位上升影响均向右岸产生一定的位移，坝基横河向位移在 $-5.7 \sim 2.40$ mm 范围，较大位移出现在 $11^\#$ 坝段 1292.0 m 高程。

2）坝基变形

坝基多点位移计：在 $4^\#$、$6^\#$、$8^\#$、$10^\#$、$14^\#$ 坝段坝基总共布置了 9 套四点式多点位移计，监测坝基岩体的深部变形和变化过程。自 2007 年 2 月随着多点位移计陆续埋设并投入监测以来，河床坝段坝踵部位变形总体上呈一定的抬升趋势，其余部位及岸坡坝段基岩变形呈一定的小幅波动变化，以压缩变形为主，测值较小，与大坝蓄水水位抬升没有明显的相关性。截至 2013 年 12 月 30 日，测值为 $0 \sim 2$ mm，孔口位移最大测值出现在 $8^\#$ 坝段的坝趾，为 3.28 mm，蓄水后孔口位移变化量较小。

坝基变位计：坝基岩体变形基本呈现压缩状态，变形测值较小，$6^\#$ 坝段坝基变形测值为 -1.6 mm，$18^\#$ 坝段坝基变形测值为 -1.18 mm，目前已基本稳定。

坝基测斜孔：在 $3^\#$、$4^\#$、$6^\#$、$10^\#$、$15^\#$ 坝段底部布置 6 套测斜孔，自

2010 年 12 月监测以来，测斜孔累计位移测值较小，坝基测斜孔监测深度范围内没有明显的变形，坝基深层岩体无明显的滑移面。

3）建基面接缝开合度

在 2#、4#、6#、8#、12#、14#、17#、18#、19# 坝段大坝与建基面接触面共布置 20 支测缝计，以监测施工期和蓄水后缝面接缝开合度变化。在 2010 年 11 月 25 日～2011 年 8 月 2 日库水位上升期间，测值普遍呈压缩变形趋势。后期库水位保持平稳期间，6#、8#、12# 坝段的部分测缝计有一定变化，其余测缝计测值呈现小幅波动变化或趋于平稳。坝踵部位测缝计在第二阶段蓄水后呈闭合状态，之后测值稳定，目前测值介于 -0.25～-2.7 mm 范围，较大测值位于 6# 坝段坝踵部位。坝趾部位测缝计在第二阶段蓄水后呈闭合状态，之后测值稳定，目前测值介于 -0.16～-4.55 mm 范围，较大测值位于 8# 坝段坝趾部位。其余测缝计测值呈现波动变化或趋于平稳。

6.1.2　坝体变形监测

1）正垂线

各相关监测坝段的正垂线初值日期和相应坝段的倒垂线相同，均为 2010 年 11 月 25 日。随着库水位抬升，6#、8# 坝段顺河向均向下游变形，位移与水位相关性明显；6# 坝段顺河向位移在 5.4～22.60 mm 范围，较大位移出现在高程 1388 m；8# 坝段顺河向位移在 6.18～19.1 mm 范围，较大位移出现在坝顶高程（1424 m）。11#、14#、17# 坝段顺河向位移基本向下游变形，位移与水位有一定相关性，位移量值较小，介于 5.4～22.69 mm 范围。坝体垂线顺河向位移分布见图 6-1。

横河向位移规律总体上是左岸向右岸变形，水库蓄到正常蓄水位后位移渐趋平稳，位移与水位相关性明显。左岸 6# 坝段、河床 8# 坝段均向右岸变形，截至 2013 年 12 月 30 日，变形测值在 -6.54～-4.48 mm 范围，较大位移出现在 6# 坝段 1334 m 高程。右岸 14# 溢流坝段、17# 非溢流坝段整体上向右岸变形，截至 2013 年 12 月 30 日，变形测值在 -4.68～-0.16 mm 范围，其中较大位移出现在 14# 坝段 1388 m 高程。

2）表面水平变形

每个坝段坝顶各布置 1 个表面变形监测点，共 21 个测点。

大坝顺河向位移在库水位上升期间，有一定的波动变化。截至 2013 年 12 月 30 日，基本向下游方向变形，测值介于 0.6～7.0 mm 范围，向下游变形较大值出现在 15#、16# 坝段。

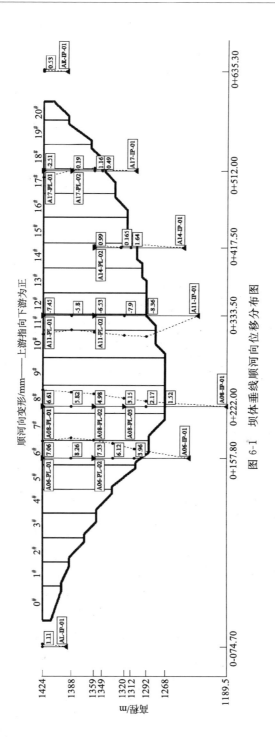

图 6-1　坝体垂线顺河向位移分布图

大坝横河向位移在库水位上升期间，有一定的波动变化。截至 2013 年 12 月 30 日，基本向右岸方向变形，测值介于 −5.7～−37.8 mm 范围，向右岸变形最大值位移出现在 7# 坝段。

3）水准点

水准点在导流洞下闸、第二阶段蓄水后受水推力的影响，基础廊道内的水准点垂直位移，靠上游的侧点呈上抬趋势，靠下游的侧点呈下沉趋势，测点的位置越靠向下游，下沉量越大，反映出蓄水后坝基向下游微倾斜变形的趋势。2011 年 8 月开始库水位保持平稳，水准点测值呈小变幅波动变化。目前，基础廊道垂直位移较小，介于 −2.8～2.6 mm 范围。

1359 m 高程廊道水准点垂直位移，各测点基本在 ±3 mm 以内，呈一定的波动变化，整体上有上抬趋势。

自 2010 年 11 月 17 日至 2013 年 12 月 30 日，坝顶水准点垂直位移在导流洞下闸、第二阶段蓄水后，随库水位上升，坝顶水准点 0# 坝段到 10# 坝段变形总体以下沉变形为主，10# 坝段到 20# 坝段变形总体以抬升变形为主。目前，坝顶水准点垂直位移均在 −4.3～4.5 mm 范围。从坝顶位移分布过程曲线可以看出，当前沉降量小于实测以来的最大沉降量，在大坝水位处于稳定的情况下位移有一定的波动。

4）静力水准

大坝共布置了 7 条静力水准。监测成果表明：在导流洞下闸、第二阶段蓄水后，顺河向静力水准呈现出坝踵向上抬，坝趾向下压缩沉降趋势（即坝体向下游微倾斜），并随着水位升而越向下游倾斜，变化趋势与坝段的水准点监测成果一致。

5）单向测缝计

在 2#、4#、6#、17#、18#、19# 坝段共布置 15 支单向测缝计，监测坝体横缝开合度。自 2009 年 3 月起监测，在 2010 年 11 月 25 日～2011 年 1 月 1 日库水位上升期间，测值呈小幅上下振荡，没有明显规律性。后期库水位保持平稳期间，测缝计测值呈小幅波动变化或趋于平稳。截至 2013 年 12 月 30 日，横缝测缝计开合度介于 −0.8～2.87 mm 范围。

在 7#～11# 坝段厂坝接缝处按不同高程共布置了 44 支单向测缝计，以监测厂坝接缝开合度。厂坝接缝测缝计在蓄水前后测值绝大部分变化较小，或趋于平稳，目前开合度在 −3.8～2.68 mm 范围。

6）裂缝计

在 4#、6#、8#、12#、14# 及 17# 坝段坝体内布置裂缝计，以监测在库水作用下坝体混凝土可能的开裂情况。在库水位上升过程中,个别测点开度测值有所波动,库水位稳定后,裂缝计测值变化较小,没有明显的测值异常。目前裂缝计测值介于-2.0~0.7 mm 范围,大部分测值在±0.5 mm 以内变化。

7) 真空激光准直系统

在左岸坝顶 1424 m 高程 (0#~12# 坝段引张线沟)、右岸坝顶 1424 m 高程 (13#~20# 坝段引张线沟)、1359 m 高程廊道内共布置 3 套真空激光准直系统,共 30 个测点。监测成果表明:真空激光准直系统于 2011 年 7 月 4 日取得初始值,从第二阶段蓄水后测值趋于稳定。1359 m 高程廊道真空激光准直系统目前位移在 1.37~3.89 mm 范围,垂直方向为抬升,目前位移在 0.48~2.46 mm 范围。坝顶左岸真空激光准直系统目前位移在-0.68~6.65 mm 范围,垂直方向为沉降变形,目前位移在 1.35~2.13 mm 范围。坝顶右岸真空激光准直系统目前位移在-0.68~6.82 mm 范围,垂直方向呈抬升,目前位移在 1.15~2.13 mm 范围。

8) 引张线

在 1292 m 高程廊道共布置 1 条引张线,共 4 个测点。监测成果表明:引张线位移总体向下游方向位移,目前位移值在-0.23~1.02 mm,位移量很小。

6.1.3　变形监测结果

导流洞下闸蓄水后,坝体总体上向下游出现一定量变形,符合重力坝变形的一般规律。坝基岩体随库水位上升引起的位移测值变化很小。坝踵垂直位移随水位呈张开趋势,但变化量小。坝趾垂直位移变化呈压缩趋势,测值变化较小,符合混凝土重力坝变形的一般规律。

坝体正垂线位移监测成果,坝顶顺河向向下游最大位移为 22.69 mm (6# 坝段 1388 m 高程);横河向总体向右岸变形,最大位移为-6.54 mm (6# 坝段 1334 m 高程)。坝顶表面变形监测成果表明,顺河向位移随库水位上升有一定的波动变化,最大测值 7.0 mm (15# 坝段),比正垂线测值小得多。大坝横河向坝顶表面变形总体向右岸变形,最大值位移为-37.8 mm (7# 坝段)。坝顶水准点垂直位移最大值为 4.5 mm,大坝总体呈沉降趋势,坝趾的沉降量大于坝踵,坝体总体呈向下游微倾斜变形趋势。

坝基倒垂线位移监测成果,受水位上升影响,各坝段坝基的顺河向向下游产生一定量的位移,最大位移值为 6.58 mm (11# 坝段),其余坝段顺河向位移介于 0.45~5.26 mm 范围,总体上河床坝段的顺河向位移量大于两岸非溢流坝段。

坝基横河向位移随库水位上升总体向右岸产生一定的横向位移，最大位移值为8.38 mm（11#坝段）。坝踵的测缝计的测值变化处于稳定状态，目前开合度最大测值为4.55 mm。

坝体横缝和厂坝接缝的张开度测值较小且基本处于稳定状态。

6.2　渗　流　监　测

6.2.1　坝基渗流监测

坝基防渗帷幕后共埋设46个测压管，有21个测压管有测值，其余测压管均处于无水状态，经检查分析，未发现异常现象。通过对坝前库水位与测压管扬压力的相关曲线分析，坝基上游防渗帷幕测压管扬压力与坝前水位为正相关，测压管水位变化略滞后于坝前水位，与实际情况相符合。目前测压管最大水压力测值为1.5 m水头（位于13#坝段）。从目前有测值的测压管来看，防渗帷幕后扬压力折减系数为 $\alpha_1 = 0.0 \sim 0.015$，灌浆防渗帷幕后扬压力折减系数设计取值：厂房坝段 $\alpha_1 = 0.20$，岸坡坝段 $\alpha_1 = 0.35$，扬压力折减系数远小于设计取值，表明目前大坝防渗帷幕及排水系统工作正常。

6.2.2　坝体渗流监测

在4#、6#、8#、12#、14#及17#坝段坝体内布置渗压计，大部分布置在坝体上游侧，沿坝基面也适当设置，主要用于监测坝体碾压混凝土渗透压力。

4#、6#、8#、12#、14#坝段渗压计监测成果表明，部分测点一直处于无水压力状态；其余有压力的测压管随库水位上升测值有所增加，渗透压力总体呈增加趋势，但到目前为止，渗透压力测值较小，最大测值为6.7 m水头，相应渗压折减系数为0.07，大部分小于0.01。

库水位上升过程中17#坝段的最大渗透压力出现在A17-P-01测点，最大测值为16.3 m水头，相应渗压折减系数为0.2，目前渗压测值为13.46 m水头，相应渗压折减系数为0.13；而渗压计A17-P-03布置在排水幕后，目前渗透压力测值为7.4 m水头，相应折减系数为0.08，小于坝体渗压折减系数设计取值0.2。

6.2.3　绕坝渗流监测

绕坝渗流监测在左岸布置4孔、右岸布置7孔，共11个水位孔。监测成果表明，两岸绕坝渗流水位孔水位在第二阶段蓄水后，绕坝渗流监测孔的水位随库水位有所上升，最大值发生在右岸 06 号水位孔，水位上升了 14.24 m，左岸坝肩水位最大增加了 3.16 m，少部分水位孔的水位反而有所降低。通过对水位孔的水位与水库蓄水水位的相关曲线分析，水位孔的水位与蓄水水位相关性明显。

6.2.4　渗流监测结果

坝基有 21 个测压管监测显示，防渗帷幕后扬压力折减系数在 $\alpha_1 = 0.0 \sim 0.015$，最大水压力测值位于 13# 坝段，测值为 1.5 m 水头，远小于坝基扬压力折减系数的设计取值。

坝体渗透压力测值较小，最大测值为 6.7 m 水头，相应渗压折减系数为 0.07，大部分小于 0.01。仅 17# 坝段最大渗透压力测值为 13.46 m 水头（A17-P-01 测点），相应渗压折减系数为 0.13，小于坝体渗透压力折减系数的设计取值。

绕坝渗流监测成果显示，两岸灌浆帷幕端头不存在绕渗的情况，左岸坝肩边坡水位最大增加 3.16 m，右岸坝肩边坡最大增加 14.24 m，目前渗流场稳定。

6.3　应力应变监测

6.3.1　坝基应力应变监测

在 4#、6#、8#、12#、14# 和 17# 坝段大坝与建基面接触面共埋设有 17 支压应力计，以监测施工和蓄水期建基面的接触应力变化。蓄水后受库水推力增加影响，坝踵压应力总体上呈减小趋势，个别应力计的压应力测值略有增加。截至 2013 年 12 月 30 日，坝踵压应力介于 $-0.04 \sim -1.65$ MPa，最小压应力位于 8# 坝段，满足相关规范要求。12#、14#、17# 坝段的坝趾压应力在 $-0.22 \sim -1.0$ MPa 范围，其中最大压应力出现在 14# 坝段的坝趾，从下闸蓄水初期至正常水位，坝趾压应力值变化不大。

6.3.2　坝体应力应变监测

应力应变监测选择 4#、6#、8#、12#、14# 和 17# 坝段布置，分别在坝踵附近和坝趾附近以及坝体典型高程布置单向、五向、九向应变计组和无应力计。主要监测成果如下：

（1）4# 坝段为左岸非溢流坝段，在坝踵附近布置 1 组九向应变计，坝趾附近布置 1 组五向应变计，1357.5 m 高程上游短缝末端布置 1 组五向应变计，

1385 m 高程上游碾压混凝土防渗层内布置 2 支单向应变计，应变计附近对应布置无应力计。4# 坝段坝体应力以压应力为主，横河向（左岸指向右岸）水平应力为 −1.46 MPa，顺河向水平应力在 −8.64～−1.34 MPa 范围。坝体垂直向应力随高程增加而减小，上游坝面垂直应力以压应力为主，坝踵附近垂直向应力值为 −2.11 MPa，满足相关规范要求。

（2）6# 坝段为左岸冲沙底孔坝段，分别在坝踵附近布置 1 组九向应变计、坝体内在部分高程布置 11 组五向应变计和 1 支单向应变计，应变计旁对应布置无应力计。6# 坝段坝体上游坝面没有出现拉应力，坝趾附近垂直应力值为 −4.73 MPa。坝体顺河向水平应力在 −5.65～−1.32 MPa 范围，坝体内垂直向应力值在 −12.90～−0.82 MPa 范围。顺河向、垂直向均以压应力为主，坝体应力符合重力坝应力分布规律。上游坝面垂直向全为压应力，满足相关规范要求。下游坝面垂直向应力值在 −1.27～−3.44 MPa 范围，坝体混凝土强度满足要求。

（3）8# 坝段为厂房坝段，是金安桥大坝的最高坝段。由于该坝段位于河床中部，应力应变监测以平面应力监测为主，分别在坝踵附近、坝趾附近和坝体共布置 15 组五向应变计。8# 坝段坝体顺河向水平应力以受压为主，应力值在 −7.91～−2.51 MPa 范围，坝体上游坝面垂直向应力均为受压，应力测值在 −3.17～−4.64 MPa 范围，上游坝面垂直向不存在拉应力，满足相关规范要求。下游坝面垂直向应力值在 −2.04～−7.85 MPa 范围，坝体混凝土强度满足要求。

（4）12# 坝段为右岸泄洪冲沙底孔坝段，分别在坝踵附近、坝趾附近及坝体布置 8 组五向应变计和 8 支无应力计。12# 坝段坝体顺河向水平应力及垂直向应力均为受压，顺河向水平应力值在 −1.33～−5.65 MPa 范围，上游坝面垂直向应力值在 1.70～−4.39 MPa 范围，上游坝面全为受压，满足相关规范要求。下游坝面垂直向应力值在 −2.15～−2.46 MPa 范围，坝体混凝土强度满足要求。

（5）14# 坝段为溢流坝段，主要在坝踵附近、坝趾附近及坝体布置 13 组五向应变计，应变计旁对应布置无应力计。14# 坝段坝体顺河向水平应力值在 −1.21～−4.40 MPa 范围，上游坝面垂直向应力值在 −4.55～−5.90 MPa 范围，全为压应力，满足相关规范要求。下游坝面垂直向应力值在 −1.21～−1.58 MPa范围，坝体混凝土强度满足要求。

（6）17# 坝段为右岸非溢流坝段，为监测该坝段的坝体应变，在上游坝面的坝踵附近布置 1 组九向应变计、下游坝趾附近布置 1 组五向应变计，上游坝面布置 1 支单向应变计，无应力计与应变计对应布置。17# 坝段坝体上游防渗层内垂直应力值为 −2.89 MPa，个别测值与实际受力情况不符，如下游坝趾附近垂直向应力应为压应力，而实际测值为 2.03 MPa 拉应力。

6.3.4　应力应变监测结果

坝基应力：水库蓄水以来坝踵应力分布以压应力为主，坝踵垂直向应力值在 −0.04～−1.65 MPa 范围，最小压应力出现在 4# 坝段的坝踵，满足相关规范要求。坝趾压应力值在 −0.22～−1.0 MPa 范围，最大压应力出现在 14# 坝段的坝趾，坝基岩体承载力满足要求。

坝体应力：水库蓄水后各监测坝段的坝体应力符合一般重力坝的应力分布规律。上游坝面全为压应力，应力值在 −1.38～−4.73 MPa 范围，最小压应力出现在 12# 坝段的上游坝面 1294 m 高程，满足相关规范要求。下游坝面全为压应力，应力测值在 −1.21～−7.85 MPa，最大压应力出现在 8# 坝段的下游坝趾附近 1273 m 高程，坝体混凝土强度满足要求。

参 考 文 献

艾亿谋，杜成斌，洪永文，等. 2009. 混凝土坝抗震加固中钢筋混凝土的动力本构模型. 水利学报，40（3）：289～295.

彼得·艾伯哈特，胡斌. 2003. 现代接触动力学. 南京：东南大学出版社.

陈观福，徐艳杰，张楚汉. 2003. 强震区高拱坝横缝配筋抗震措施. 清华大学学报（自然科学版），43（2）：266～269.

成都理工大学，中国水电顾问集团昆明勘测设计研究院. 2010. 金安桥水电站坝基开挖后裂面绿泥石化岩体作为高混凝土重力坝建基岩体工程地质研究报告.

成都理工大学，中国水电顾问集团昆明勘测设计研究院. 2004. 金安桥水电站可行性研究阶段：坝基裂面绿泥石化岩体的成因机制、工程性状、工程适应性及坝基可利用岩体工程地质研究报告.

大连理工大学，中国水电顾问集团昆明勘测设计研究院. 2009. 金安桥水电站抗震技术模型试验与数值分析研究报告.

董哲仁. 1993. 钢筋混凝土非线性有限元法原理与应用. 北京：中国铁道出版社.

杜成斌，洪永文. 2011. 金安桥水电站工程碾压混凝土重力坝抗震安全复核研究报告. 南京：河海大学.

杜成斌，孙立国. 2006. 任意形状混凝土骨料的数值模拟及其应用. 水利学报，37（6）：662～667.

杜修力，田瑞俊，彭一江. 2009. 预静载对全级配混凝土梁动弯拉强度的影响. 地震工程与工程振动，29（2）：98～102.

杜修力，赵密，王进廷. 2006. 近场波动模拟的一种应力人工边界. 力学学报，38（1）：49～56.

郭永刚，孙五继，刘宪亮. 2007. 高拱坝伸缩横缝间布设抗震钢筋的动力反应分析. 应用力学学报，24（1）：16～21.

郝书亮，党发宁，陈厚群，等. 2009. 基于CT图像的混凝土三维微观结构在ANSYS中的实现. 混凝土，（3）：13～15.

河海大学，中国水电顾问集团昆明勘测设计研究院. 2010. 金安桥重力坝间断式横缝设置及其对大坝抗震性能的影响分析.

洪永文，杜成斌，陈灯红. 2010. 间断式横缝设计及其对大坝地震响应的影响. 水力发电学报，29（5）：58～63.

侯顺载，李金玉，曹建国，等. 2002. 高拱坝全级配混凝土动态试验研究. 水力发电，（1）：51～53.

黎在良，刘殿魁. 1995. 固体中的波. 北京：科学出版社：202～214.

马怀发，陈厚群，黎保琨. 2005. 应变率效应对混凝土动弯拉强度的影响. 水利学报，36（1）：69～76.

戚永乐，彭刚，柏巍，等. 2008. 基于CT技术的混凝土三维有限元模型构建. 混凝土，5：

26～29.

秦武，杜成斌，孙立国. 2011. 基于数字图像技术的混凝土细观层次力学建模，水利学报，42（4）：431～439.

邱流潮，刘桦. 2005. 混凝土坝-基岩地震动力相互作用时域有限元分析. 岩石力学与工程学报，24（20）：3713～3718.

沈海戈，柯有安. 2000. 医学体数据三维可视化方法的分类与评价. 中国图象图形学报，5（7）：545～550.

王文远，高健，王昆，李开德. 2006. 金安桥水电站坝基裂面绿泥石化岩体利用研究. 水力发电，32（11）：28～30.

杨璐，朱浮声，王功江，等. 2007. 混凝土分段曲线损伤本构模型及其数值验证. 沈阳建筑大学学报（自然科学版），23（4）：562～566.

应宗权，杜成斌，刘冰. 2007. 混凝土梁弯拉断裂过程的细观分析. 东南大学学报（自然科学版），37（2）：213～216.

苑举卫，杜成斌，洪永文. 2008. 厂坝联合作用下重力坝厂房坝段静动抗滑稳定分析. 河海大学学报（自然科学版），36（2）：229～233.

苑举卫，杜成斌，刘志明. 2011. 地震波斜入射条件下重力坝动力响应分析. 振动与冲击，30（7）：120～126.

DL 5073—2000. 水工建筑物抗震设计规范［S］.

DL 5077—1997. 水工建筑物荷载设计规范［S］.

GB 50010—2002. 混凝土结构设计规范［S］.

GB 50287—1999. 水利水电工程地质勘察规范［S］.

GB 50487—2008. 水利水电工程地质勘察规范［S］.

Gonzalez R C，Woods R E，Eddins S L. 2005. 数字图像处理（MATLAB 版）. 阮秋琦译. 北京：电子工业出版社：255～263.

SL/T 191—1996. 水工混凝土结构设计规范［S］.

SL 319—2005. 混凝土重力坝设计规范［S］.

Abaqus Theory Manual（Version 6. 7），Dassault Systems Inc，2007.

Chen D H，Du C B，Yuan J W. 2012. Influence of damping on seismic response of a high arch dam. Journal of Earthquake Engineering，16（3）：329～349.

Chopra A K. 1995. Dynamics of Structures：Theory and Applications to Earthquake Engineering. 1st ed. New Jersey：Prentice Hall，Englewood Cliffs.

Clough R W. 1980. Nonlinear mechanisms in the seismic response of arch dams. International Conference on Earthquake Engineering，Skopje，Yugoslavia［s. n］.

Deeks A J，Randolph M F. 1994. Axisymmetric time-domain transmitting boundaries. Journal of Engineering Mechanics Division，ASCE，120（1）：25～42.

Du C B，Sun L G. 2007. Numerical simulation of aggregate shapes of two dimensional concrete and its application. International Journal of Aerospace Engineering，20（3）：172～178.

Du C B，Jiang S Y，Qin W，et al. 2011. Numerical analysis of concrete composites at mesoscale based on 3D reconstruction technology of X-ray CT images. Computer Modeling in Engineering and Sciences, 81 (3~4): 229~247.

Du C B, Jiang S Y, Qin W, et al. 2012. Reconstruction of internal structures and numerical simulation for concrete composites at mesoscale. Computers and Concrete, 10 (2): 135~147.

Du C B, Sun L G, Jiang S Y, et al. 2013. Numerical simulation of aggregate shapes of three-dimensional concrete and its applications. International Journal of Aerospace Engineering, 26 (3): 515~527.

Hong Y W, Du C B. 2010. Building Jinanqiao Dam. International Water Power and Dam Construction, 62 (10): 20~22.

Hong Y W, Du C B, Jiang S Y. 2011. Innovative Design and Construction of a High RCC Gravity Dam in High Seismic Intensity Region. Practice Periodical on Structural Design and Construction, 16 (2): 67~72.

Jiang S Y, Du C B. 2012. Seismic Stability Analysis of Concrete Gravity Dams with Penetrated Cracks. Water Science and Engineering, 5 (1): 105~119.

Jiang S Y, Du C B, Hong Y W. 2013. Failure analysis of a cracked concrete gravity dam under earthquake. Engineering Failure Analysis, 33: 265~280.

Lee J, Fenves G L. 1998. Plastic-damage model for cyclic loading of concrete structures. Journal of Engineering Mechanics, 124 (8): 892~900.

Liao Z P, Wong H L, Yang B. 1984. A transmitting boundary for transient wave analyses. Scientia Sincia (series A), 27 (10): 1063~1076.

Liu J B, Du Y X, Du X L. 2006. 3D viscous-spring artificial boundary in time domain. Earthquake Engineering and Engineering Vibration, 5 (1): 93~102.

Long Y C, Zhang C H, Xu Y J. 2009. Nonlinear seismic analyses of a high gravity dam with and without the presence of reinforcement. Engineering Structures, 31 (10): 1~9.

Lubliner J, Oliver J, Oller S, Oñate E. 1989. A plastic-damage model for concrete. International Journal of Solids and Structures, 25 (3): 229~326.

Lysmer J, Kulemeyer R L. 1969. Finite dynamic model for infinite media. Journal of Engineering Mechanics Division, ASCE, 95 (4): 759~877.

Sigaki T, Kiyohara K, Sono Y, et al. 2000. Estimation of earthquake motion incidentangle at rock site. Proceedings of 12th World Conference Earthquake Engineering, New Zealand.

Zhang C H, Zhang Y L. 2009. Nonlinear dynamic analysis of the Three Gorge Project powerhouse excited by pressure fluctuation. Journal of Zhejiang University (SCIENCE A), 10 (9): 1231~1240.